1

新装版 数学読本

松坂和夫 著

岩波書店

ま え が き

　私は，この講義を，初等あるいは中等数学を堅実な形で学
びたいと望むすべての人に向けて，書いています．題材は中
学や高校の数学，とくに高校の数学ですが，年少の読者にも
読めるようにていねいに書いてあります．

　この講義は，いくつかのおもしろそうな話を取り上げて一
つにまとめたという種類のものではありません．6巻を通じ
てこれはある種の一貫性と流れとを持っています．結局のと
ころ，私は一つの新しい教科書を書いたことになるのかもし
れません．しかし，これはふつうの教科書とは違っています．
なぜなら私はいろいろな制約なしにこれを書いているからで
す．この講義はふつうの教科書よりずっと自由です．また，
たぶん――そうであってほしいと思いますが――，ずっと深
く，ずっと豊かな内容を持っています．読者はこの講義を読
んで，しばしば，今まで気がつかなかったことに気がついた
り，新しい発見をしたり，フレッシュで興味ぶかい数学の問
題に導かれたりするでしょう．

　この講義には，例や例題がたくさんあります．それから，
問(とい)もたくさんあります．問はやさしい問題から，少し
考えなければならない問題まで，いろいろな段階のものが取
りそろえられています．そして読者の便宜のために，原則と
して全部の問に解答がついています．私は，時間の許すかぎ
り，読者がこれらの問題を解いてみられることをすすめます．
数学の諸概念を心の中に定着させるためには，ただ本を読ん
で理解したと思うだけでは不十分で，やはり"自分の力で解
いてみる"という実践が必要であるからです．

この講義は，いわゆる受験数学とは関係ありません．たとえば，上にいった例・例題・問にしても，私は技巧的すぎる問題や，発生源がよくわからない奇妙で不自然な問題は，できるだけ避けています．私がこの講義で語りたいと思うのは，流れのある数学の一つのストーリーであって，技術や要領ではないからです．

この講義ではときどき，常識的なカリキュラムの意味で初等・中等数学の範囲と考えられるところから——どこまでが初等・中等数学でどこから先が高等数学なのかははっきりしませんが——少し上のほうまで延びて行きます．これは決して私が一般的にカリキュラムをそこまで引き上げることを主張しているという意味ではありません．ただ話の展開から，自然にそこまで進んで行くほうがよいと思ったときに，進んで行っただけです．この講義には人工的で不自然な柵はありません．したがって，これはたぶん，最終的には読者をかなり高いレベルにまで導きます．

この講義にはまたときどき，省略してもよいところがあります．それは本文の以後の部分とは一応関係がないところで，たいていその都度そのことがことわってあります．しかし，そういうところはどちらかというと興味ぶかい個所ですから，できればやはり読者が読まれることを望みます．しかし，読んでみてわからなかったなら，省略して，後日また立ち戻ってみてください．この注意は他の一般の個所にも通用します．この講義を読んでいてわからないところがあったなら，読者はひとまずそこを離れて先のほうに進み，少したってからまたその場所を読み返してみてください．

私はこの講義が年少の読者に読まれることを希望します．しかしまた，大学生や社会人——ことに学校の先生，数学に興味をもつ父母，さらに一般に教育に関心をよせられる方々——に読まれることも，期待しています．この講義が，数学を学ぶ人，数学を教える人に，もし何がしか魅力のある存在となり得るならば，私は満足です．

終わりに私は，直接間接に，この講義を書くための助けとなった方々や書物，また，この講義の出版に尽力された方々

に，謝意を表します．

　とくに私は岩波書店の荒井秀男氏に感謝します．この講義を書いているのはたしかに私ですが，こうした「読本」を企画し，私にそれを書くように熱心にすすめられたのは，荒井氏でした．もし，荒井氏の並々ならぬ熱意と努力がなかったならば，私がこうした長編を書くことはあり得ず，したがってこの「読本」が生まれ出ることもなかったであろうと思います．現在この"まえがき"を書いている時点で，原稿は予定の約 $\frac{2}{3}$ をこえ，$\frac{3}{4}$ に近づいています．この値(あたい)がついに 1 に達したときに，私は安らかな日を迎えることになるでしょう！

1989 年 8 月 3 日

著　　者

目　次

まえがき

第1章　数学はここから始まる──数

1.1　実数の分類 ……………………………………… 1
有理数・無理数(1)，数直線(2)，有理数の稠密性，無理
数の有理数による近似(3)，実数を小数で表すこと(5)，
有理数と循環小数(5)，$0.\dot{9}$ は 1 に等しい！(8)，$\sqrt{2}$ が
無理数であることの証明(8)

1.2　実数の演算と大小 …………………………… 11
四則演算(11)，数の集合はどの演算について閉じている
か？(12)，累乗と指数法則(15)，実数の大小(18)，絶対
値(20)

1.3　整　数 ………………………………………… 22
整数の範囲における除法(22)，倍数，約数(25)，素数
(27)，素因数分解(29)，素数は無限にある！(30)，$2, 3,$
$5, 11$ の倍数(32)，ユークリッドの互除法(34)，最大公
約数のある性質(35)，集合の記法，部分集合(38)，整数
の集合についての 1 つの命題(40)

1.4　平方根を含む式の計算 ……………………… 42
平方根(42)，平方根の性質(44)，平方根を含む式の計算
(45)，分母の有理化(46)，二重根号の簡約(47)，整数部
分，小数部分(49)，集合 $\{\sqrt{2}\,m+n\,|\,m, n$ は整数$\}$ の稠密
性(50)

第2章　文字と記号の活躍──式の計算

2.1　整　式 …………………………………………… 57
x の整式(58)，2 文字以上についての整式(60)，整式の
加法・減法(62)，整式の乗法(63)，展開公式(64)

2.2　因数分解 ………………………………………… 67
共通因数をくくり出すこと(68)，公式$[1], [2], [3]$ の応
用(68)，公式$[4], [5]$ の応用(69)，公式$[8], [9]$ の応用

(70), その他の因数分解(70), 既約式と可約式(72)

2.3 整式の除法と分数式 ························· 74
整式の除法(74), 整式の最大公約数と最小公倍数(77),
分数式(80), 分数式の演算(81)

第3章 数学の威力を発揮する──方程式

3.1 方程式とその解法 ························· 87
1次方程式の解法(88), 記号 $\Longrightarrow$ および $\Longleftrightarrow$ (90), 2
次方程式の解法(92)

3.2 2次方程式と複素数 ························· 95
複素数の定義(95), 複素数の演算(97), 負の数の平方根
(100), 2次方程式の解の公式(101), 2次方程式の解の
種類と判別式(103), 解と係数の関係(105), 2次式の因
数分解(107), 整数 D が平方数でなければ, $\sqrt{D}$ は無理
数である！(110), 2数を解とする方程式(112)

3.3 高次方程式 ························· 113
剰余の定理(114), 因数定理(116), 因数分解への応用
(118), 高次方程式の解法(121), 方程式の解の個数, 代
数学の基本定理(126), 方程式の一般的解法(128)

3.4 連立方程式 ························· 130
連立2元1次方程式(130), 3元以上の連立1次方程式
(132), 連立2次方程式(134)

3.5 等式の証明 ························· 142
恒等式(142), 整式の恒等式(143), 条件つきの等式
(147), 比例式(148)

第4章 大小関係をみる──不等式

4.1 不等式の基本性質 ························· 151
不等式の基本性質(152), 基本性質の他の選び方(157),
複素数の間ではなぜ大小を考えることができないか？
(160)

4.2 不等式の解法 ························· 161
1次不等式(162), 2次不等式(165)

4.3 不等式の証明 ························· 171
大小の判定(172), 平方和の性質(173), 相加平均と相乗

目　次　*ix*

平均(*176*)，平方による比較(*178*)，絶対値に関する不等
式(*179*)，分数式の不等式(*180*)

4.4　集合・命題・条件　……………………………………181
集 合・空 集 合・部 分 集 合(*182*)，共 通 部 分・和 集 合
(*184*)，補 集 合，ド・モ ル ガ ン の 法 則(*185*)，命 題
(*186*)，条件と集合(*190*)，命題 $p \Longrightarrow q$(*192*)，2 個以上
の文字を含む条件(*194*)，逆と必要条件・十分条件
(*195*)，裏・対偶(*197*)

解　答　………………………………………………………201
索　引

全6巻の目次

第1巻
第1章　数学はここから始まる——数
第2章　文字と記号の活躍——式の計算
第3章　数学の威力を発揮する——方程式
第4章　大小関係をみる——不等式

第2巻
第5章　関連しながら変化する世界——簡単な関数
第6章　図形と数や式の関係——平面図形と式
第7章　急速・緩慢に変化する関係——指数関数・対数関数
第8章　円の中にひそむ関数——三角関数

第3巻
第9章　図形と代数の交錯する世界——平面上のベクトル
第10章　新しい数とその表示——複素数と複素平面
第11章　立体的な広がりの中の図形——空間図形
第12章　放物線・だ円・双曲線——2次曲線
第13章　"離散的"な世界——数列

第4巻
第14章　無限の世界への一歩——数列の極限，無限級数
第15章　"場合の数"をかぞえる——順列・組合せ
第16章　確からしさをみる——確率
第17章　関数の変化をとらえる——関数の極限と微分法

第5巻
第18章　曲線の性質，最大・最小——微分法の応用
第19章　細分による加法——積分法
第20章　面積，体積，長さ——積分法の応用
第21章　もうひとつの数学の基盤——行列と行列式

第6巻
第22章　図形の変換の方法——線形写像・1次変換
第23章　数学の中の女王——数論へのプレリュード
第24章　無限をかぞえる——集合論へのプレリュード
第25章　解析学の基礎へのアプローチ——ε と δ
第26章　エピローグ——落ち穂拾い，など

幾何学に王道はない

ユークリッド

新たな勉強に旅立とうとするときには，既知
のことでも，それをはじめにしっかりと整理
しておくことが必要です．

1 数学はここから始まる
——数

1.1 実数の分類

　読者はおそらく数の概念や式の計算，方程式の解き方など
について，すでにかなりの経験をおもちのことでしょう．と
くに経験の深い方達に対しては，この本の最初の数章は，ほ
とんど復習になってしまうかも知れません．しかし，新たな
勉強に旅立とうとするときには，既知のことでも，それをは
じめにしっかりと整理しておくことが必要です．そこで私は，
はじめの2章で，数と式に関する基本的なことがらをまとめ
て述べておくことにしようと思います．

　まず，数のことからはじめましょう．

◆ 有理数・無理数

　数にはいろいろな種類があります．

　私達に最も親しい数はいうまでもなく $1, 2, 3, 4, \cdots$ という

数です．これらの数は**自然数**または**正の整数**とよばれ，ものの個数を数えたり，ものに順番をつけたりするときに用いられます．自然数の符号を変えた数 $-1, -2, -3, -4, \cdots$ は**負の整数**とよばれます．正の整数，負の整数および 0 を合わせて**整数**といいます．すなわち，整数とは，$0, 1, -1, 2, -2, 3, -3, \cdots$ のようなすべての数をいうのです．

また私達は，$-\dfrac{1}{2}, \dfrac{10}{7}, \dfrac{11}{74}$ のような数を**分数**とよぶことを知っています．数学的にもっと正確な用語では，これらの数は**有理数**とよばれます．すなわち，有理数とは，m を整数，n を 0 でない整数として，$\dfrac{m}{n}$ の形に表される数です．

任意の整数 m は $\dfrac{m}{1}$ と表されますから，有理数です．$-\dfrac{1}{2}, \dfrac{10}{7}, \dfrac{11}{74}$ などは整数でない有理数です．

私達はさらに，2 の平方根 $\sqrt{2}$，円周率 π(パイ) のような数も知っています．これらの数は有理数ではありません．このような数を**無理数**とよびます．$\sqrt{3}, \sqrt{5}, \sqrt{6}, \sqrt{7}, \sqrt{8}, \sqrt{10}, \cdots$ などもやはり無理数です．

有理数と無理数を合わせて**実数**といいます．したがって，実数の分類表をつくると次のようになります．

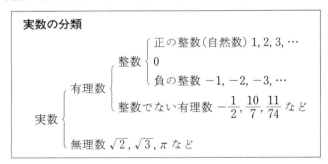

◆ **数直線**

実数は次のように 1 つの直線上の点と 1 対 1 に対応づけることができます．

いま 1 つの直線 l を考え，その上に異なる 2 点 O, E をとって，O を**原点**，E を**単位点**と名づけましょう．このとき，まず点 O に数 0 を対応させます．また，l 上の O 以外の点 A に対しては，線分 OE の長さを単位として測った線分 OA の長さが a であるとき，もし点 A が O からみて E と同じ

側にあるならば A に正の数 a を対応させ，もし点 A が O からみて E と反対の側にあるならば A に負の数 $-a$ を対応させます．

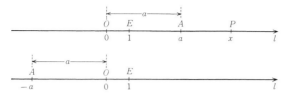

このようにすれば，直線 l 上のすべての点にそれぞれ 1 つの実数が対応し，また 1 つの実数には必ず l 上の 1 つの点が対応します．こうして，すべての実数と直線 l 上のすべての点との間に"1 対 1 の対応"がつけられます．このように，直線 l 上の各点にそれぞれ 1 つの実数を対応させたとき，l を**数直線**といいます．

数直線 l 上の点 P に対応する実数が x であるとき，x を P の**座標**とよびます．原点 O の座標は 0，単位点 E の座標は 1 です．点 P の座標が x であることを $P(x)$ と表します．またこのとき，点 P を簡単に点 x ともいいます．すなわち，数直線上の各点はそれぞれ，それに対応する実数を表すと考えるのです．逆にいえば，数直線上の点によって表される数，それが実数であるわけです．

数直線を水平にかくときには，ふつう，上の図のように単位点 E を原点 O の右側にとります．そのとき，正の数は原点より右にある点で表され，負の数は原点より左にある点で表されます．正の数を表している部分，すなわち原点 O からみて単位点 E のある側の部分を数直線の**正の部分**といい，反対に負の数を表している部分を**負の部分**といいます．また，原点 O から単位点 E へ向かう向きを**正の向き**，その反対の向きを**負の向き**といいます．正の向きがどちらの向きであるかということは，ふつう，上の図のように矢印をつけることによって示します．

◆ **有理数の稠密性，無理数の有理数による近似**

数直線上で整数を表す点は，次の図のように，等間隔 1 で左右に限りなく並んでいます．

また，分母が 2 である有理数は数直線上に等間隔 $\frac{1}{2}$ で並びます．同様に，分母が $5, 10, \cdots, 100, \cdots$ の有理数は，それぞれ $\frac{1}{5}, \frac{1}{10}, \cdots, \frac{1}{100}, \cdots$ の等間隔で並んでいます．

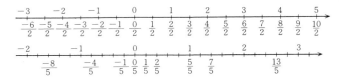

一般に，n を 1 つの自然数とするとき，分母が n である有理数は等間隔 $\frac{1}{n}$ で数直線上に並びます．n が限りなく大きくなると，この間隔は限りなく小さくなります．このことから，

数直線上にどんなに短い線分 AB をとっても，この線分上に無限に多くの有理数が存在する

ことがわかります．もちろん，上に有理数といったのは，正確には"有理数を表す点"の意味です．

この性質のことを，**有理数は数直線上に稠密（ちゅうみつ）に分布している**といい表します．簡単に**有理数の稠密性**などともいいますが，それはこの性質のことをいっているのです．

このように有理数は数直線上に稠密に分布していますが，それでもなお，数直線上には有理数ではない点もあります．たとえば，1 辺の長さが 1 である正方形の対角線の長さ $\sqrt{2}$ は，左の図のようにして数直線上の点として表されますが，この数は有理数ではありません．

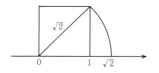

このように，有理数では表されない点を表す数が無理数であるわけです．

しかし，前にもいったように数直線上に有理数は稠密に存在しているのですから，無理数は

<u>有理数によっていくらでもよく近似する</u>

ことができます．すなわち，数直線上のすべての点が有理数ではないけれども，そうでない点，すなわち無理数も，いく

らでも近い有理数によって近似することができるのです.

　なお $\sqrt{2}$ が有理数でないことの証明は数ページあとに述べますから，そこを見てください.

◈　実数を小数で表すこと

　整数でない有理数を小数の形に表すと，

$$\frac{13}{8} = 1.625$$

のような有限小数となるか，または

$$-\frac{4}{3} = -1.\mathbf{3}3333\cdots$$

$$\frac{1}{7} = 0.\mathbf{142857}142857142857\cdots$$

$$\frac{9}{74} = 0.1\mathbf{216}216216\cdots$$

のように，小数のある位以下に同じ数字の配列が無限にくり返される無限小数となります.　このような無限小数を **循環小数**(じゅんかんしょうすう)とよんでいます.

　循環小数は，ふつう，循環する部分の最初の数字と最後の数字の上に点を打って，次のように表します.

$$-1.33333\cdots = -1.\dot{3}$$
$$0.142857142857142857\cdots = 0.\dot{1}4285\dot{7}$$
$$0.1216216216\cdots = 0.1\dot{2}1\dot{6}$$

そしてまた，数字の循環する部分をその循環小数の **循環節** といいます.　上の 3 つの例の循環節は，それぞれ $3, 142857, 216$ で，**循環節の長さ** はそれぞれ $1, 6, 3$ となっています.

　一方，無理数を小数で表したときには，それは循環しない無限小数となります.　たとえば

$$\sqrt{2} = 1.41421356\cdots$$
$$\pi = 3.14159265\cdots$$

の右辺の小数は循環しない無限小数です.

◈　有理数と循環小数

　有理数を小数で表すとなぜ有限小数または循環小数となるのか？

　その理由は次の通りです.　$\dfrac{13}{8}, \dfrac{1}{7}$ という 2 つの分数を小数になおす計算を例にとってこのことを説明しましょう.

```
      1.625                        0.142857
8) 13                          7)①0
   8                              7
  50                            30
  48                            28
  20                            20
  16                            14
  40                            60
  40                            56
   0···割り切れる                 40
                                35
                                50
                                49
                                ①···以後同じ計算が
                                    くり返される
```

　上の 2 つの計算は $\frac{13}{8}$, $\frac{1}{7}$ をそれぞれ小数になおす計算を示しています。$\frac{13}{8}$ の場合は小数 3 けためで割り切れます。このように小数何けためかで割り切れる場合には有限小数となります。

　一方，$\frac{1}{7}$ のほうはいつまで行っても割り切れません。しかし，上の計算からわかるように，余りとして順次 1, 3, 2, 6, 4, 5, 1 が出てきますが，この最後の余り 1 は最初の余り 1 と同じです。よって以後は前と全く同じ計算がくり返されることになります。したがって $\frac{1}{7}$ を小数になおした結果は循環小数となるのです。

　一般に，有理数 $\frac{m}{n}$ が無限小数となるときには，余りとして現れる数は n より小さい正の整数 1, 2, $\cdots$, $n-1$ のいずれかです。したがって，少なくとも $(n-1)$ 回割り算をするうちには，必ずすでに現れたのと同じ余りが現れます。それから以後の計算は前と同じ計算のくり返しになりますから，商の数字も循環して現れることになります。

　なお上の説明からわかるように，有理数 $\frac{m}{n}$ が循環小数となる場合，その循環節の長さは $n-1$ をこえません。上で $\frac{1}{7}$ の循環節の長さは 6 でした。これはたまたま，考えられる最大の長さの循環節になっていたわけです。

問 1　$\frac{1}{6}$, $\frac{30}{11}$, $-\frac{65}{202}$, $\frac{1}{17}$ を小数になおし，上に説明した循環小数の表し方で表してください。$\frac{1}{17}$ の循環節の長さはいくらになりますか？

上に，有理数は有限小数または循環小数となることを述べました．今度はその逆に，有限小数または循環小数は有理数を表すということを説明しましょう．

まず，有限小数が有理数であることは明らかです．なぜなら，たとえば 0.45，3.216 のような有限小数はそれぞれ

$$0.45 = \frac{45}{100} = \frac{9}{20}, \quad 3.216 = \frac{3216}{1000} = \frac{402}{125}$$

となるからです．

次に，任意の循環小数もやはり有理数になることを示しましょう．たとえば

$$x = 2.\overset{\cdot\cdot}{36} = 2.363636\cdots$$

という循環小数を考えてみます．これを 100 倍すると

$$100x = 236.363636\cdots$$

となり，$100x - x$ を計算すると

$$
\begin{array}{r}
100x = 236.363636\cdots \\
-)\quad x = 2.363636\cdots \\
\hline
99x = 234
\end{array}
$$

となります．ゆえに x は $x = \dfrac{234}{99} = \dfrac{26}{11}$ という有理数であることがわかります．

同じように，$x = 0.\overset{\cdot\cdot}{270}$ については

$$
\begin{array}{r}
1000x = 270.270270270\cdots \\
-)\quad x = 0.270270270\cdots \\
\hline
999x = 270
\end{array}
$$

よって $x = \dfrac{270}{999} = \dfrac{10}{37}$ となります．

以上の例から，任意の循環小数が有理数であることはもうおわかりでしょう．また，循環小数を有理数になおす具体的な手法も会得されたことだろうと思います．

問 2　次の循環小数を分数になおすとどうなりますか．

$$1.\overset{\cdot}{6}, \quad 3.\overset{\cdot\cdot}{52}, \quad 0.\overset{\cdot\cdot}{57}, \quad 4.2\overset{\cdot\cdot}{54}, \quad 1.7\overset{\cdot}{40}$$

上に述べた結果によれば，有理数と有限小数または循環小数とは結局同じものです．したがってまた，無理数は循環しない無限小数と同じものになります．

このことは基本的なことなので，しっかり記憶するために次に太字で書いておきます．

8　① 数学はここから始まる——数

$$有理数 \Longleftrightarrow 有限小数または循環小数$$
$$無理数 \Longleftrightarrow 循環しない無限小数$$

◆　$0.\dot{9}$ は 1 に等しい！

　ついでながら，循環小数 $0.\dot{9}$ は 1 に等しいことを，ここで
注意しておきましょう．実際，$x=0.\dot{9}$ とおくと

$$\begin{array}{r} 10x = 9.999999\cdots \\ -)\quad x = 0.999999\cdots \\ \hline 9x = 9 \end{array}$$

となり，したがって $x=1$ となります．すなわち

$$\mathbf{0.\dot{9}=1}$$

です！　簡単なことですが，これはおぼえておいてよいこと
です．

　上記のことを逆に解釈すれば，1 という数は $0.\dot{9}$ という循
環小数の形にも表せる，ということになります．同様にして，
たとえば $0.25=0.24\dot{9}$，$6.3=6.2\dot{9}$ などとなることがわかりま
す．すなわち，任意の有限小数は，あるところから **9 が無限
に続く循環小数** の形にも表すことができるのです．

◆　$\sqrt{2}$ が無理数であることの証明

　ここで $\sqrt{2}$ が無理数であることの証明を述べておきまし
ょう．以下に述べる証明はピタゴラスによるといわれるもの
で，古くから知られているたいへん有名な証明です．

　はじめに，偶数と奇数について簡単な注意をしておきます．
偶数というのは 2 の倍数である整数のことで，それは k を整
数として $2k$ の形に表されます．奇数は 2 の倍数ではない整
数のことで，それは k を整数として $2k+1$ の形に表されま
す．もちろん，任意の整数は偶数であるか奇数であるかのい
ずれかです．

　私はまず皆さんに“奇数の平方は奇数である”ことを示そ
うと思います．それはごく簡単です．実際，n を奇数とすれ
ば，n はある整数 k によって $n=2k+1$ と表されます．した
がって

$$\begin{aligned} n^2 = (2k+1)^2 &= 4k^2+4k+1 \\ &= 2(2k^2+2k)+1 \end{aligned}$$

となり，これはたしかに奇数です．これで，n を整数とする

とき，"n が奇数ならば n^2 も奇数である"ことがわかりました．このことからまた，整数 n に対して，

　（＊）　n^2 が偶数ならば，n は偶数である

ということがわかります．

　以下に述べる"$\sqrt{2}$ が無理数である"ことの証明では，この簡単な命題（＊）が基本的な役割を演じるのです．

　さていよいよ，目標の命題の証明を述べましょう．

　いま，われわれが証明すべき結論を否定して，$\sqrt{2}$ が有理数であると仮定してみます．そうすると，$\sqrt{2}$ は正の整数 m, n を用いて

$$\sqrt{2} = \frac{m}{n} \qquad\qquad ①$$

と表されます．ここで右辺の分数 $\frac{m}{n}$ は"既約分数"である，すなわち分子と分母の最大公約数は 1 である，と仮定してさしつかえありません．なぜなら，もし m と n とが 1 より大きい公約数をもつならば，両者の最大公約数で約分して，$\frac{m}{n}$ を既約分数にすることができるからです．そこで以下 $\frac{m}{n}$ は既約分数であるとします．上の式① の両辺に n を掛け，さらにその両辺を 2 乗してみましょう．そうすると

$$2n^2 = m^2 \qquad\qquad ②$$

となり，この左辺 $2n^2$ は偶数ですから，右辺 m^2 も偶数です．ゆえに，すでに証明されている命題（＊）によって m は偶数です．したがって m はある整数 k によって

$$m = 2k \qquad\qquad ③$$

と表されます．この③ を② の右辺に代入し，両辺を 2 で割れば

$$n^2 = 2k^2 \qquad\qquad ④$$

が得られます．④ より n^2 は偶数で，ふたたび（＊）により n も偶数です．これで，m, n はともに偶数であって，2 という公約数をもつことが示されました．

　しかし，これは $\frac{m}{n}$ が既約分数であるという仮定に反します．すなわち，われわれは矛盾に導かれてしまったのです．この矛盾は，$\sqrt{2}$ が有理数であるとした仮定から生じています．ゆえに，この仮定は誤りです！　つまり，$\sqrt{2}$ は有理数ではありません．すなわち無理数です．これで私達が目標としていた証明が終わりました．

どうですか？　この証明は少し難しかったでしょうか？
もし読者が難しいと思われたならば，この本をしばらく先に
進んでから，また読み直してみてください．そうすればきっ
と，今度はよくわかったと思われることだろうと思います．

　上では，"$\sqrt{2}$ が有理数であると仮定すると矛盾が起こる
から，$\sqrt{2}$ は無理数でなければならない"と結論しました．
　このように

結論の否定を仮定して矛盾を導き，その ことによって結論が正しいとする証明法

のことを**背理法**といいます．上に述べた"$\sqrt{2}$ が無理数であ
る"ことの証明は，背理法による証明の最も古典的な例とい
ってもよいでしょう．

　前にも述べましたが，$\sqrt{2}$ だけでなく，$\sqrt{3}$，$\sqrt{5}$，$\sqrt{6}$，
$\sqrt{7}$，$\sqrt{8}$，$\sqrt{10}$，$\cdots$ などもすべて無理数です．しかし，上の
$\sqrt{2}$ が無理数であることの証明にならって，これらの数が無
理数であることを証明しようとすると，個々の数ごとにそれ
ぞれ独自な工夫をしなければならず，ずいぶん厄介です．上
の $\sqrt{2}$ が無理数であることの証明に用いた方法はほかの数
にはうまく適用できないからです．私は，のちにこの講義の
どこかで，これらの数が無理数であることを統一的な方法に
よって"いっきょに証明する"機会をもちたいと思っていま
す．

　なお，ついでに述べておきますと，円周率 π が無理数であ
ることの証明は，上の $\sqrt{2}$ が無理数であることの証明にくら
べると，比較にならないほど難しいものです．ほとんどの人
が π が無理数であるという事実を知っていますが，ほとんど
の人がその証明を知りません．数学の先生でさえ，多くの人
がそれを知りません！　実は私も長い間その証明を知りませ
んでした．しかしあるとき，ある本でニーヴェンという人の
工夫した証明を見て，この証明が，閉口するほどに高級でな
い，比較的初等的な方法によって叙述され得るものであるこ
とを知りました．それは，ほぼ高校生が履修する課程の範囲
内で理解可能であるといってもよい証明です．もしできたら，
私はこの証明も，この講義のどこかで紹介してみたいと思っ
ています．

1.2 実数の演算と大小　　*11*

1.2　実数の演算と大小

　次に，数の演算や大小に関する基本的なことがらについて
ひと通り復習しておくことにしましょう．

◆　四則演算

　数の演算のうちで最も基本的なものは，いうまでもなく，
足し算，引き算，掛け算，割り算という 4 つの演算です．少
し改まった言葉では，これらをそれぞれ**加法**，**減法**，**乗法**，
除法とよび，4 つを合わせて**四則演算**といいます．また，2 つ
の数 a, b に対して，

$$a+b, \qquad a-b, \qquad a\times b, \qquad a\div b$$

を，それぞれ，"a, b の**和**"，"a から b を引いた**差**"，"a, b の
積"，"a を b で割った**商**"とよぶことも，だれでも知ってい
る事実でしょう．

　積 $a\times b$ は $a\cdot b$ または単に ab とも書きます．この最後の
書き方がいちばん簡単なので，積を表すにはふつうこの記法
を使います．ただし，もちろん，たとえば 3×8 を 38 と書く
ことはできません．われわれの記数法では 38 は 3×8 とは全
く違った意味をもっているからです．記号の省略には，その
場所に応じた配慮が必要です．

　減法が加法の逆演算であり，除法が乗法の逆演算であるこ
とも，この際はっきり思い出しておきましょう．すなわち，

　　　$a-b$ を求めることは，$b+x=a$ となる数 x
　　　　を求めること
　　　$a\div b$ を求めることは，$bx=a$ となる数 x
　　　　を求めること

です．これが，減法，除法がそれぞれ加法，乗法の逆演算で
あるといった意味です．

　積 $a\times b$ を ab と書くように，商 $a\div b$ は $\dfrac{a}{b}$ とも書きます．
ここでまた，

0 で割ることはできない

という事実を思い出しておきましょう．0 にはどんな数を掛
けても 0 になってしまうからです．したがって，$a\div 0$ とか
$\dfrac{a}{0}$ とかいう記号は意味をもちません．以後私達は，除法とい
うときには，"0 で割る"ことはいつも除外して考えます．

12   1 数学はここから始まる——数

◆ 数の集合はどの演算について閉じているか？

ものの集まりのことを**集合**といいます.

たとえば, 自然数 1, 2, 3, 4, … 全体の集まりは 1 つの集合です. この集合のことを"自然数全体の集合"というようによびます. 同様にして"整数全体の集合", "有理数全体の集合", "実数全体の集合"などが考えられます.

2 つの自然数 a, b の和 $a+b$ や積 ab は自然数です. このことを"自然数の範囲では加法, 乗法が自由に行われる"とか, "自然数全体の集合は加法, 乗法について**閉じている**"とかいい表します. しかし, $3-5$ や $4÷3$ は自然数の範囲には求められませんから, 自然数全体の集合は減法や除法については閉じていません.

2 つの整数の和, 差, 積はまた整数です. すなわち, 整数全体の集合は加法, 減法, 乗法について閉じています. しかし, 除法については閉じていません. たとえば $4÷3$ は整数ではないからです.

次に有理数全体の集合を考えてみましょう. いま a, b を 2 つの有理数とし,

$$a = \frac{m}{n}, \qquad b = \frac{m'}{n'}$$

とします. ここに m, n, m', n' は整数で, n と n' は 0 ではありません. このとき

$$a+b = \frac{m}{n} + \frac{m'}{n'} = \frac{mn' + m'n}{nn'}$$

$$a-b = \frac{m}{n} - \frac{m'}{n'} = \frac{mn' - m'n}{nn'}$$

$$ab = \frac{m}{n} \times \frac{m'}{n'} = \frac{mm'}{nn'}$$

となりますから, $a+b, a-b, ab$ も有理数です. さらに, b が 0 でないとすれば, それは分子の m' が 0 でない整数であることを意味しますから,

$$a÷b = \frac{m}{n} ÷ \frac{m'}{n'} = \frac{m}{n} \times \frac{n'}{m'} = \frac{mn'}{nm'}$$

となって, $a÷b$ も有理数です. $a÷b$ は $\frac{a}{b}$ とも書きます. このことはもう前にもいいましたね. このように, 有理数の範囲では加減乗除の四則演算が(0 で割ることだけを除外すれば)自由に行われます. 先にも注意したように, 除法では 0

で割ることはつねに除外して考えるのでしたから，上の文章のかっこ内のただし書きは実は不要です．単に"有理数の範囲では加減乗除の四則演算が自由に行われる"といえばよろしい．別の言い方をすれば，このことを

有理数全体の集合は加減乗除の

四則演算について閉じている

と述べ表すこともできます．

　実数全体の集合も，有理数全体の集合と同様に，加減乗除の四則演算について閉じています．

　すなわち，任意の2つの実数 a, b に対して，和 $a+b$，差 $a-b$，積 ab は実数で，さらに b が 0 でなければ商 $\dfrac{a}{b}$ も実数です．とくに $\dfrac{1}{b}$ のことを b の**逆数**といいます．

　なお，これもよく知られているように，実数の加法と乗法については次の法則が成り立ちます．

加法の交換法則　$a+b = b+a$

加法の結合法則　$(a+b)+c = a+(b+c)$

乗法の交換法則　$ab = ba$

乗法の結合法則　$(ab)c = a(bc)$

分配法則　$\begin{cases} a(b+c) = ab+ac \\ (a+b)c = ac+bc \end{cases}$

　もう一度，いろいろな数の集合がそれぞれ加減乗除のどの演算について閉じているか，という問題に立ちもどってみましょう．私達が上に得た結果をまとめると，次のような表ができます．

	加法	減法	乗法	除法
自然数全体の集合	○	×	○	×
整数全体の集合	○	○	○	×
有理数全体の集合	○	○	○	○
実数全体の集合	○	○	○	○

上の表で，○はその演算について閉じていること，×は閉じていないことを表しています．

　私はここで，1つ皆さんに質問を提出してみたいと思います．それはこういう質問です．無理数全体の集合は加減乗除の四則演算のどれについて閉じているか？

14   ① 数学はここから始まる──数

答はすぐおわかりですね．そうです．<u>どの演算についても
閉じていない！</u>　これが正解です！

つまり，無理数＋無理数，無理数－無理数，無理数×無理
数，無理数÷無理数は，いつも無理数になるとは限らない，
無理数どうしの和・差・積・商は有理数になることもある，
というわけです．実際，たとえば $\sqrt{2}$ や $-\sqrt{2}$ は無理数です
が，

$$\sqrt{2}+(-\sqrt{2})=0, \quad \sqrt{2}-\sqrt{2}=0$$
$$\sqrt{2}\times\sqrt{2}=2, \quad -\frac{\sqrt{2}}{\sqrt{2}}=-1$$

などはどれも有理数となっています！

問3　次のおのおのの集合は，加減乗除のどの演算について閉
じていますか．
(1)　偶数全体の集合．すなわち，整数 0, 2, −2, 4, −4, …
全体の集合．
(2)　奇数全体の集合．すなわち，整数 1, −1, 3, −3, 5, −5,
… 全体の集合．
(3)　正の有理数全体の集合．

上で，無理数全体の集合は四則演算のどれについても閉じ
ていないといいましたが，それはもちろん，たとえば 2 つの
無理数の和が必ず有理数になるといっているわけではありま
せん．2 つの無理数の和は有理数になることもあるけれども，
無理数になることもあるのです．（実際には後者の場合のほ
うがずっと多いでしょう．）

それに対して，有理数と無理数の和は<u>必ず</u>無理数になりま
す．たとえば，$\frac{1}{3}$ と $\sqrt{2}$ の和 $\frac{1}{3}+\sqrt{2}$ を考えてみます．こ
の和を $\frac{1}{3}+\sqrt{2}=c$ とし，c が有理数であると仮定してみま
しょう．$\frac{1}{3}+\sqrt{2}=c$ を変形すれば

$$\sqrt{2}=c-\frac{1}{3}$$

となりますが，有理数は減法について閉じていますから，こ
の右辺の $c-\frac{1}{3}$ は有理数です．一方，左辺の $\sqrt{2}$ は無理数で
す．これは矛盾です！　よって c は無理数でなければなりま
せん．

上に述べた証明も，c が有理数であると仮定してそれから
矛盾を導いているのですから，やはり背理法です．

　一般に，a が有理数，b が無理数ならば，和 $a+b$ が無理数
であることは，上と全く同様にして証明することができます．

問4　a が 0 でない有理数，b が無理数ならば，積 ab は無理数
　であることを証明してください．
　　［ヒント：有理数が除法について閉じていることを使いま
　　す．］

　少し背理法の練習が続きますが，次のような例題もやはり
背理法を使って証明することができます．

　　例題　a, b が有理数で $a+b\sqrt{2}=0$ ならば，$a=b=0$
であることを証明してください．
　　証明　いま，$b \neq 0$ と仮定すると，$a+b\sqrt{2}=0$ より

$$\sqrt{2} = -\frac{a}{b}$$

という式が得られます．a, b は有理数で，有理数は除法
について閉じていますから，この右辺 $-\dfrac{a}{b}$ は有理数で
す．一方 $\sqrt{2}$ は無理数です．これは矛盾ですから，$b=0$
でなければなりません．$b=0$ ということがわかると，
これと $a+b\sqrt{2}=0$ からまた，$a=0$ ということもわか
ります．

問5　a, b, c, d が有理数で
　　　　　　$a+b\sqrt{2} = c+d\sqrt{2}$
　ならば，$a=c$, $b=d$ であることを証明してください．

◆　累乗と指数法則

　数 a に対して，$aa, aaa, aaaa, \cdots$ を，それぞれ a の**2乗**，
3乗，**4乗**，$\cdots$ とよび，$a^2, a^3, a^4, \cdots$ と書くことは，皆さん
よくご存知のことでしょう．（この本でも a^2 というような記
号はすでに何回か使いました．）

　一般に a を n 個掛けたものを a^n で表し，a の **n 乗**とよび
ます．とくに2乗，3乗はそれぞれ**平方**，**立方**ともよばれま
す．a の1乗 a^1 は a 自身です．$a^1=a, a^2, a^3, \cdots, a^n, \cdots$ を総

称して a の**累乗**（るいじょう）といいます．（実はこの言い方は必ずしも正しくありません．$a, a^2, a^3, \cdots$ のみが a の累乗ではなく，すぐ下にみるように累乗の意味はもっと拡張されるからです．先のほうに進めば，累乗の意味はさらに飛躍的に拡張されることを読者はみられることでしょう．）

余談ですが，累乗のことを昔は**べき**といいました．この"べき"という言葉の漢字は，罒の下に幕あるいは冖かんむりの下に幕（すなわち冪または冪）と書くのですが，あまりに難しいというので，かなり前に追放されてしまいました．しかし，年配の人には郷愁がある上に音（おん）として短いところがよいので，今でもこの"べき"の語はところどころで使われています．

a の累乗 a^n に対して，n をこの累乗の**指数**といいます．ていねいに"べき指数"ということもありますが，それは累乗のことを"べき"と呼んでいた時代の名残りです．

累乗について，たとえば a^2a^3，$(a^2)^3$，$(ab)^3$ を計算すると

$$a^2a^3 = aa \times aaa = a^5$$
$$(a^2)^3 = a^2 \times a^2 \times a^2 = aa \times aa \times aa = a^6$$
$$(ab)^3 = ab \times ab \times ab = aaa \times bbb = a^3b^3$$

となります．この例からわかるように，一般に任意の正の整数 m, n に対して，次の法則が成り立ちます．

1 $\quad a^m a^n = a^{m+n}$

2 $\quad (a^m)^n = a^{mn}$

3 $\quad (ab)^n = a^n b^n$

これらを**指数法則**とよんでいます．

次に $a \neq 0$ である場合に，累乗 a^n の意味を n が 0 や負の整数の場合にまで拡張しましょう．その拡張の指導原理となるのは指数法則で，拡張後もこの法則が保存されるように，拡張をこころみるのです．

まず，$a^m a^n = a^{m+n}$ が $m=1$，$n=0$ のときにも成り立つものとすると

$$a \times a^0 = a$$

となります．そこで私達は

$$a^0 = 1$$

と定めます．（個人的なことですが，私は中学生のころ，まだ

学校の授業で教わる前に，ある友人から，a^0 は何だか知っているかと聞かれ，全く分からずにいると，実はそれは 1 なのだ，その理由はこれこれだと聞かされて，たいへん感心したことをいまだにおぼえています．何事も新鮮なうちが感動があっていいですね！）

次に，負の指数の累乗の意味を考えてみましょう．そのために p を正の整数として，$a^m a^n = a^{m+n}$ の m, n にそれぞれ $p, -p$ を代入すると

$$a^p \times a^{-p} = a^0$$

となりますが，上に定めたように a^0 は 1 です．したがって，もし上の式が成り立つものとするならば，a^{-p} は

$$a^{-p} = \frac{1}{a^p}$$

と定めなければなりません．とくに a^{-1} は a の逆数 $\frac{1}{a}$ を意味することになります．

こうして私達は n が 0 や負の整数の場合にまで，a^n の意味を定めることができました．ただし，n が 0 や負の整数である場合には，a^n は $a \neq 0$ のときにだけ定義されるものであることを忘れてはなりません．

さて上のように累乗の意味を指数が 0 や負の整数にまで拡張しても，指数法則は任意の整数 m, n に対してやはり成り立ちます．たとえば，$m=3, n=-2$ として，指数法則 **1, 2, 3** を確かめると，それぞれ次のようになります．

1　$a^3 \times a^{-2} = a^3 \times \dfrac{1}{a^2} = a = a^{3+(-2)}$

2　$(a^3)^{-2} = \dfrac{1}{(a^3)^2} = \dfrac{1}{a^6} = a^{-6} = a^{3 \times (-2)}$

3　$(ab)^{-2} = \dfrac{1}{(ab)^2} = \dfrac{1}{a^2 b^2} = \dfrac{1}{a^2} \times \dfrac{1}{b^2} = a^{-2} \times b^{-2}$

問 6　次の数を整数または分数の形に書いてください．
　　2^{-3},　$(-3)^{-2}$,　4^0,　$(-5)^{-3}$

問 7　次の結果を簡単にし，指数として 0 や負の数を用いずに書いてください．

(1)　$a^6 \times a^{-4}$　　(2)　$a^3 \times a^{-3}$　　(3)　$a^5 \div a^8$

(4)　$a^{-2} \div a^{-5}$　　(5)　$(a^{-2})^2$　　(6)　$(ab^{-1})^{-3}$

累乗の記号は非常に大きい数や小さい数を表すときに便利です．物理学などではよくそういう表示法を用います．たとえば，1光年，すなわち光が1年間に進む距離はおよそ 9.46×10^{15} m ですし，電子の質量はおよそ 9.11×10^{-28} g です．

ついでながら，日本の数詞の一，十，百，千，万はそれぞれ 1，10，10^2，10^3，10^4 で，そのあと一万倍ごとに新しい数詞がついていきます．ですから，万の次の億は 10^8，億の次の兆は 10^{12}，兆の次の京（けい）は 10^{16} です．吉田光由という人が寛永4年(1627年)に著した"塵劫記"（じんこうき）という算術書には，京のあとに続けてさらに，垓，秭，穣，溝，澗，正，載，極，恒河沙，阿僧祇，那由他，不可思議，無量大数という数詞が記されているそうです．最後の無量大数というのがふつうの意味での数詞なのかどうか私は知りませんが，もし上記の数詞がずっと一万倍ごとにつけられているものとすれば，最後の無量大数は 10^{68} です．昔の人もずいぶん大きい数を考えたものです！

人間の寿命が飛躍的に延びて高齢化社会が問題になっていますが，それでも日本人の平均寿命はまだ三万日に達していません．（女性のほうはそろそろそれに近づきかけ，やがて超えようとしています．三万日がおよそ何年になるか読者は計算してみてください．）上にいったような大きい数にくらべれば，それは"小さい数"です．それは<u>たった 3×10^4 日</u>に過ぎません！　秒という短い時間の単位で計算しても，人間の一生は25億秒，すなわち 2.5×10^9 秒程度に過ぎないのです．皆さんはこういう数字を見てどんな感想をおもちになりますか．

◆　実数の大小

前項の終わりは少し脱線しかけましたが，ふたたび本道にもどります．ここでは実数の大小に関する最も基本的なことがらを見ておくことにしましょう．

水平な数直線では，正の数は原点より右側の点で表され，負の数は原点より左側の点で表されます．

実数 a, b について，b が a より **大きい**，あるいは a が b より **小さい** というのは，点 a が点 b より左側にあることです．このとき
$$a < b \quad \text{あるいは} \quad b > a$$
と書きます．とくに
$$a \text{ が正であることは } a > 0,$$
$$a \text{ が負であることは } a < 0$$
と表されます．

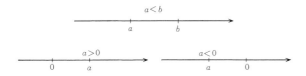

a が正ならば $-a$ は負，a が負ならば $-a$ は正です．

大小の定義から明らかに，任意の2つの実数 a, b に対して
$$a < b, \quad a = b, \quad a > b$$
という3つの関係のうちのいずれか1つだけが必ず成り立ちます．

$a < b$ であることは $b - a > 0$ であることと同じです．

b が a より大きいかまたは等しいとき
$$a \leqq b \quad \text{あるいは} \quad b \geqq a$$
と書きます．したがって，たとえば $2 \leqq 5$ とか $5 \leqq 5$ とかはいずれも正しい不等式です．

<u>2つの正の数の和や積は正の数です</u>．すなわち，
$$\underline{a > 0, \ b > 0 \quad \text{ならば} \quad a+b > 0, \ ab > 0}$$
となります．これは基本的な性質です．

数の演算について，法則
$$a(-b) = (-a)b = -ab, \quad (-a)(-b) = ab$$
が成り立つことと，上の性質から，

正の数と負の数の積は負，負の数と負の数の積は正であることがわかります．

このことからとくに，実数 a が0でなければ，それが正であっても負であっても，a^2 は正である，ということが導かれます．もちろん 0^2 は0です．この結果をまとめると，次のように述べることができます．

> 任意の実数 a に対して $a^2 \geqq 0$ であって，
> $a^2 = 0$ となるのは $a = 0$ のときに限る．

これはたいへん重要な性質です．

　私達はのちに不等式についてもう少し体系的に議論し，いろいろな不等式の証明などを取り扱う機会をもつことでしょう．私はまたそのときに，不等式についてのいろいろな性質が，どれだけの性質を"基本性質"として認めれば導かれるかという問題にも，可能な範囲で触れてみたいと思っています．

◆ 絶対値

　実数 a に対して，その**絶対値**を

$$a \geqq 0 \quad \text{ならば} \quad a\text{自身}$$
$$a < 0 \quad \text{ならば} \quad -a$$

と定義します．$a<0$ ならば $-a$ は正ですから，実数 a の絶対値はつねに正または 0 です．実数 a の絶対値を $|a|$ で表します．たとえば $|3|=3$，$|-3|=3$，$|\sqrt{2}|=\sqrt{2}$，$|-\sqrt{2}|=\sqrt{2}$ です．また定義によって $|0|=0$ です．

　数直線上でいえば，$|a|$ は次の図のように原点 0 から点 a までの距離を表しています．

　絶対値の概念とその取り扱いは意外に間違いをおかしやすいものなので，もう一度，定義をくり返しておきましょう．

$$a \geqq 0 \quad \text{ならば} \quad |a| = a,$$
$$a < 0 \quad \text{ならば} \quad |a| = -a$$

また次の性質にも，しっかり注目しておきましょう．

> つねに $|a| \geqq 0$ であって，
> $|a|=0$ となるのは $a=0$ のときに限る．

原点から点 a までの距離と点 $-a$ までの距離とは明らかに同じです．したがって，任意の実数 a に対して

$$|a| = |-a|$$

となります．また，$|a|$ は a か $-a$ かのいずれかですが，$(-a)^2 = a^2$ ですから，任意の実数 a に対して

$$|a|^2 = a^2$$

が成り立ちます．

さらに積や商の絶対値については，

$$|ab| = |a|\,|b|, \qquad \left|\frac{a}{b}\right| = \frac{|a|}{|b|}$$

が成り立ちます．ただし，商の場合には $b \neq 0$ とすることはいうまでもありません．これらの等式の証明も実質的には簡単です．数学的に難しいところは何もありません．ただ，a, b の両方がともに正の場合，一方が正で他方が負の場合，両方ともに負の場合，というように場合わけして，それぞれの場合にこの等式が成り立つことを確かめればよいのです．それはごく簡単です．厄介といえば，ただこうした場合わけが厄介なだけです．私は意欲のある読者にこの証明をおまかせしたいと思います．

問 8 上のように場合わけして $|ab| = |a|\,|b|$ を証明してください．

なお少し余談になりますが，数直線上では左側にある数が右側にある数より小さいのですから，たとえば

$$-10000 < -10, \qquad -10 < -0.01$$

などとなります．すなわち，-10000 は -10 より "小さく"，また，-10 は -0.01 より "小さい" のです．数学の言葉としては，たしかにこの言い方で<u>正しい</u>．しかし，日常の語感からすると，こうした表現は少しおかしいですね．私達は日常語では "大小" の語をたぶん絶対値の感覚で用いているのではないでしょうか．その意味では，-10000 は絶対値が大きい負の数，-0.01 は絶対値が小さい負の数，というように言ったほうが素直に受けとれると思います．同様の意味で，

$$-10, \ -10^2, \ -10^3, \ -10^4, \ -10^5, \ \cdots$$

というような数の列を "無限に小さくなっていく負の数の

22　1　数学はここから始まる——数

列"というのは適当な言い方とは考えられません。やはり
"絶対値が無限に大きくなっていく負の数の列"といったほ
うがよいのではないでしょうか。

1.3　整　数

　私はここで少し話をあともどりさせて，整数についていく
つかのことを述べておこうと思います。

◆　整数の範囲における除法

　私は先に整数全体の集合は加法，減法，乗法について閉じ
ているが，除法については閉じていないといいました。そし
て，たとえば $4 \div 3$ は整数の範囲には求められないといいま
した。しかし，割り算を習いはじめの小学生だったら，$4 \div 3$
は"整数の範囲には求められない"というような難しいこと
は言わないで，$4 \div 3$ は"商が1で余りが1"というふうに答
えるでしょう。そうです。$\dfrac{4}{3}$ のような分数を知る以前の整
数だけの世界では"割り算"というのはこういう演算だった
のです。たとえば，

$$4 \div 3 \quad は \quad 商が1, \quad 余りが1$$
$$365 \div 7 \quad は \quad 商が52, \quad 余りが1$$
$$200 \div 50 \quad は \quad 商が4, \quad 余りが0$$
$$725 \div 28 \quad は \quad 商が25, \quad 余りが25$$
$$2 \div 5 \quad は \quad 商が0, \quad 余りが2$$
$$30000 \div 365 \quad は \quad 商が82, \quad 余りが70$$

こういうのが整数の世界における"割り算"でした。

　このように整数の範囲で考える"割り算"あるいは"除法"
は，前にいった"乗法の逆演算としての除法"とは少しばか
り意味が違います。それは"商と余りを求める演算"です。
（なお，ここでいう"商"という言葉の意味も前に使った意味
とは少し違っていることに注意してください。）正確を期す
るためには，整数の範囲における"商と余りを求める演算"
としての除法のことを，たとえば整除法とでも呼んで，一般
の除法と区別したほうがよいかも知れません。しかし，わざ
わざこんな言葉を使うのも少し大げさな気がしますし，それ
に通常の場合，除法という言葉がどちらの意味で使われてい

るかは前後の文脈によって明らかです．整数の範囲内だけで考えているときには，除法というのはふつう今かりに<u>整除法</u>と呼んだ演算のことをさしているのです．

上の"$365 \div 7$ の商が 52，余りが 1"，"$30000 \div 365$ の商が 82，余りが 70"であるということを，等式の形に表すと，それぞれ

$$365 = 7 \times 52 + 1$$
$$30000 = 365 \times 82 + 70$$

となります．一般に a, b を 2 つの正の整数とするとき，a を b で割った商が q で，余りが r であるということは

$$a = bq + r$$

という等式によって表されます．ここで，r は 0 以上で b より小さい整数です．

上では a, b をともに正の整数としましたが，いろいろな問題を取り扱うためには，a のほうは 0 や負の整数である場合も含めて考えておいたほうが便利です．たとえば，-365 を 7 で割る演算を考えてみましょう．そうすると，

$$365 = 7 \times 52 + 1$$

でしたから，

$$-365 = -7 \times 52 - 1 = 7 \times (-52) + (-1)$$

となります．したがって -365 を 7 で割った商は -52 で余りは -1 です．もちろん，こう答えてもべつに間違いではないでしょう．しかし，ふつうは<u>余りは割る数より小さい 0 以上の整数</u>としておく習慣になっています．その習慣に合わせるために，上の余りの部分が -1 となっているところを正の数に直してみましょう．それには，$7 \times (-52) + (-1)$ という式の間に $-7 + 7$ をはさんで

$$7 \times (-52) + (-1) = 7 \times (-52) - 7 + 7 + (-1)$$
$$= 7 \times (-53) + 6$$

と変形すればよろしい．これで

$$-365 = 7 \times (-53) + 6$$

という式が得られました．そして私達はふつう，この式から，-365 を 7 で割ったときの商は -53，余りは 6 であるというのです．

一般に a, b を与えられた 2 つの整数とし，b は正の整数であるとしましょう．b の倍数 $0, b, -b, 2b, -2b, \cdots$ を数直線

上に並べると，それらは等間隔 b で原点の左右に限りなく並びます．

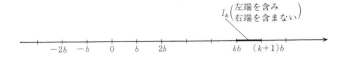

いま，図のように，整数 k に対して kb と $(k+1)b$ の間の，左端の点 kb を含み右端の点 $(k+1)b$ を含まない線分を I_k で表すことにすると，これらの線分
$$\cdots, I_{-3}, I_{-2}, I_{-1}, I_0, I_1, I_2, I_3, \cdots$$
はどの 2 つも重ならず，そして数直線全体はこれらの線分によっておおいつくされます．よって，与えられた**整数** a はこれらの線分のどれか 1 つだけに含まれます．いま，a が含まれる線分を次の図のように I_q としましょう．

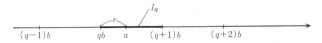

このとき $a-qb=r$ とおくと，もちろん r は 0 以上で，また r は $(q+1)b-qb=b$ よりも小さいから，$0 \leq r < b$ となります．そして $a-qb=r$ とおいたのですから，$a=qb+r=bq+r$ です．これで
$$a = bq+r, \quad 0 \leq r < b$$
となるような整数 q と r が存在することがわかりました．しかもそのような整数 q と r は，与えられた a と b に対して，それぞれただ 1 つに定まります．それはもう説明するまでもないでしょう．読者が上の図を見て考えてくださればすぐにおわかりのはずです．

上に証明されたことは，簡単なことですが，非常に基本的なことです．それゆえ私は，そのことを"定理"として述べておきましょう．

定理 a, b を与えられた整数とし，b を正の整数とすると，
$$\boldsymbol{a = bq+r, \quad 0 \leq r < b}$$
を成り立たせる整数 q と r がそれぞれただ 1 つ存在する．

上の定理の式の q と r を，それぞれ，a を b で割ったときの**商**，**余り**といいます．余りは**剰余**(じょうよ)ともよばれます．なお，ここでいう商は有理数としての商 $\frac{a}{b}$ とは意味が異なることを，もう一度注意しておきましょう．

問 9 次のそれぞれの場合に定理の式を成り立たせる q と r を求めてください．

(1) $a = 720, \ b = 39$ (2) $a = -50, \ b = 12$

(3) $a = 5, \ b = 13$ (4) $a = -5, \ b = 13$

余り r が 0 となるときには，a は b で**割り切れる**といいます．この場合には，上にいった商は前に述べた意味の商 $\frac{a}{b}$ と一致します．

上では b は正の整数であるとしましたが，b が負の整数の場合にも，有理数 $\frac{a}{b}$ が整数となるときには，a は b で割り切れるといいます．たとえば，6 は 2 や 3 で割り切れますが，-2 や -3 でもやはり割り切れます．

◆ 倍数，約数

整数 b に対して，$0, \ b, \ -b, \ 2b, \ -2b, \ 3b, \ -3b, \cdots$ を b の**倍数**といいます．すなわち，b の倍数とは，k を整数として kb の形に表される整数です．

0 の倍数は 0 だけです．

b が 0 でない整数ならば，b の倍数とは，b で割り切れる整数のことにほかなりません．整数 a が整数 b の倍数であるとき，b を a の**約数**といいます．たとえば 12 は 3 の倍数，3 は 12 の約数です．また -12 も 3 の倍数で，一方 -3 は 12 の約数です．倍数，約数という概念には，数の符号は何の影響も及ぼしません．

いくつかの整数に共通な約数をそれらの整数の**公約数**といいます．たとえば，8 と 12 の公約数は $1, 2, 4$ および $-1, -2, -4$ です．また $10, -15, 25$ という 3 つの数の公約数は $1, 5, -1, -5$ です．公約数のうち正で最大なものを**最大公約数**とよびます．したがって，上の例では

$$8 \text{ と } 12 \text{ の最大公約数は } 4$$
$$10, \ -15, \ 25 \text{ の最大公約数は } 5$$

となります.

いくつかの整数の最大公約数がたとえば 6 であるとすれば,それらの整数の公約数の全体は 6 の約数の全体,すなわち 1, 2, 3, 6 およびこれらの符号を変えた数 $-1, -2, -3, -6$ から成ります.一般に,いくつかの整数の

公約数全体の集合は最大公約数の約数全体の集合

と一致します.もちろん,こういうことは無条件に認めてよいわけではありません.ほんとうは証明が必要です.しかし,上にいったようなことはたぶん大方の読者がよくご存知のことでしょうし,私はあまりこまごましたことにいちいち読者を立ち止まらせたくはありません.私はそのまま承認してもらってもよいと思うところは単に事実を書きとめるだけにし,とくに読者の注意を喚起したい場合にのみ,それに応じた記述をこころみたいと思っています.

2 つの整数 a, b の最大公約数が 1 であるとき,a と b は**互いに素**であるといいます.たとえば,2 と 3,3 と 4,4 と 5 は,それぞれ互いに素です.しかし 8 と 12 は互いに素ではありません.この 2 つの数の最大公約数は 4 であるからです.

2 つの整数をそれらの最大公約数で割れば,商として得られる整数は互いに素となります.上の例では,$8 \div 4 = 2$ と $12 \div 4 = 3$ は互いに素です.くり返しますと,一般に,2 つの整数 a, b の最大公約数が d であるとき,

$$a = a'd, \qquad b = b'd$$

とすると,a' と b' は互いに素となるのです.

前に $\sqrt{2}$ が無理数であるということを証明するところで既約分数という言葉が出てきましたが,有理数の分数表示 $\dfrac{m}{n}$ が**既約分数**であるというのは,分子 m と分母 n とが互いに素であることを意味しています.任意の有理数 $\dfrac{m}{n}$ は,その分子と分母の最大公約数で約分すれば,既約分数になおります.

公約数に対応する概念として,いくつかの整数に共通な倍数をそれらの整数の**公倍数**といいます.たとえば,8 と 12 の公倍数は $24, -24, 48, -48, 72, -72, \cdots$ です.公倍数のうちで最小の正の数を**最小公倍数**といいます.8 と 12 の最小公倍数は 24 です.一般に,与えられたいくつかの整数の公倍数は,それらの整数の最小公倍数の倍数となっています.し

たがって

公倍数全体の集合は最小公倍数の倍数全体の集合

と一致します.

整数 8 と 12 の最大公約数は 4, 最小公倍数は 24 ですが, それらの積 $4 \times 24 = 96$ は, $8 \times 12 = 96$ と同じです. このことは, 一般に, 任意の 2 つの<u>正</u>の整数 a, b に対して成り立ちます. すなわち, a, b の最大公約数を d, 最小公倍数を m とし,

$$a = a'd, \qquad b = b'd$$

とすると,

$$m = a'b'd, \qquad ab = dm$$

となっています. "2 つの正の整数の積＝最大公約数×最小公倍数"です. とくに a, b が<u>互</u>いに素な正の整数である場合には, a, b の最小公倍数は ab となります.

◆ 素数

すでに注意したように, 約数, 倍数という関係には数の符号は何の関係もありません. したがってここではしばらく正の整数のみを考え, 約数とか倍数とかいうのも正の約数, 正の倍数だけを意味することにしておきます.

a を 1 より大きい整数とすると, a は必ず 1 および a という 2 つの約数をもちます. a が 1 と a のほかに約数をもたないとき, a を**素数**といいます. 1 より大きい整数で, 素数でないものは**合成数**とよばれます. たとえば, 2, 3, 5, 7, 11 などは素数, 4, 6, 8, 9, 10, 12 などは合成数です. 1 はある意味で "素数中の素数" ともいうべきものかも知れませんが, これは素数の仲間にも合成数の仲間にも入れません. 1 は別格の整数です！

自然数の系列から素数を選び出す方法として古代ギリシアから知られているものに**エラトステネスのふるい**と呼ばれる方法があります. それは次のようにして合成数を "ふるい落として" いくのです.

まず自然数を 1 からはじめて大きさの順に並べておきます. はじめの 1 は素数ではないからそれを消します. 次の 2 は素数ですが, 2 の (2 自身を除く) 倍数 4, 6, 8, 10, … は合成数ですから, それらを消します. そのとき 2 の次に残っている

最初の数 3 は素数です．次に 3 の倍数 6, 9, 12, 15, … を消します．そのとき 3 の次に残っている最初の数 5 は素数です．次に 5 の倍数 10, 15, 20, 25, … を消します．以下同様の操作を続けていくとき，消されずに残っている数が素数というわけです．次の表は上記の方法で 60 までの素数を求めたものです．

$$\underline{1} \quad 2 \quad 3 \quad \underline{4} \quad 5 \quad \underline{6} \quad 7 \quad \underline{\underline{8}} \quad \underline{9} \quad \underline{10}$$
$$11 \quad \underline{\underline{12}} \quad 13 \quad \underline{14} \quad \underline{15} \quad \underline{16} \quad 17 \quad \underline{\underline{18}} \quad 19 \quad \underline{20}$$
$$\underline{21} \quad \underline{22} \quad 23 \quad \underline{24} \quad \underline{25} \quad \underline{26} \quad \underline{27} \quad \underline{28} \quad 29 \quad \underline{\underline{30}}$$
$$31 \quad \underline{32} \quad \underline{33} \quad \underline{34} \quad \underline{35} \quad \underline{36} \quad 37 \quad \underline{38} \quad \underline{39} \quad \underline{40}$$
$$41 \quad \underline{\underline{42}} \quad 43 \quad \underline{44} \quad \underline{45} \quad \underline{46} \quad 47 \quad \underline{48} \quad \underline{49} \quad \underline{50}$$
$$\underline{51} \quad \underline{\underline{52}} \quad 53 \quad \underline{\underline{54}} \quad \underline{55} \quad \underline{56} \quad \underline{57} \quad \underline{58} \quad 59 \quad \underline{\underline{60}}$$

上の表で，たとえば 18 の下に線が 2 本引いてあるのは，それが 2 と 3 の倍数として 2 回消されたことを意味しています．もちろん実際にはすでに消されている数をあらためて消す必要はありません．

　上の表により，60 より小さい素数は

$$2 \quad 3 \quad 5 \quad 7 \quad 11 \quad 13 \quad 17 \quad 19 \quad 23$$
$$29 \quad 31 \quad 37 \quad 41 \quad 43 \quad 47 \quad 53 \quad 59$$

の 17 個であることがわかります．ついでながら，最初の 2 以外の素数はすべて奇数であることに注意しておきましょう．2 はその意味で"別格の素数"です！

　自然数の系列をもっとずっと先のほうまで書き並べて上の方法を続行すれば，われわれはさらにたくさんの素数をみいだすことができるでしょう．一方また，与えられた 1 つの自然数までのすべての自然数について，それらが素数であるか合成数であるかの判定を完成しようとすれば，今日でも，原理的にはエラトステネスのふるいによるしかありません．比較的小さい数のところでは，その計算は人間の手によっても何とか実行できます．しかし"大きい"数になると人間の手には負えなくなります．今日ではコンピューターが人間の手ではとうていなし得ないような計算をやってくれるようになりました．さらにまた，高度な現代数学を用いた素数判定法などもいろいろ開発されました．それらの結果，私達が現在素数について持っている情報は，たとえば 19 世紀末にくらべれば，比較にならないほど豊富になったと言ってよいでし

ょう．しかし，そうしたことはあるにしても，きわめて大き
い自然数になると，それが素数であるか合成数であるかの判
断は，今日でもやはり大変です．それは決して即座にわかる
というようなものではありません．

◆　素因数分解

　たとえば，42，180，6475 のような合成数は，それぞれ
$$42 = 2 \cdot 3 \cdot 7$$
$$180 = 2 \cdot 2 \cdot 3 \cdot 3 \cdot 5 = 2^2 \cdot 3^2 \cdot 5$$
$$6475 = 5 \cdot 5 \cdot 7 \cdot 37 = 5^2 \cdot 7 \cdot 37$$
のように，素数の積に表すことができます．このように，合
成数が必ず素数の積として表されるということは読者がよく
ご存知のことでしょうが，これは重要なことですから，私は
念のため，その証明をきちんと述べておこうと思います．

> **任意の合成数は素数の積として表すことができる．**

証明　a を任意に与えられた 1 つの合成数とします．する
と a は合成数ですから，1 にも a にも等しくない約数を
もちますが，そのような約数のうちには最小の数がある
はずです．その数を p とすると，p は素数です．なぜな
ら，もし p が合成数で 1 にも p にも等しくない約数 p'
をもつとすると，p' は p よりも小さい a の約数となっ
て，p が a の(1 より大きい)約数のうち最小のものであ
るという仮定に反するからです．そこで a を p で割っ
た商を b とすれば，
$$a = pb$$
となり，b は 1 よりも大きく a よりも小さい自然数で
す．もし b が素数ならば，上の式が a を素数の積で表
した式になります．また，b が合成数ならば，1 より大
きい b の約数のうちで最小の数を q とすると，上と同様
の理由によって q は素数です．そして b を q で割った
商を c とすれば $b = qc$，したがって
$$a = pqc$$
となり，かつ $a > b > c > 1$ となっています．もし c が素
数ならば，これでわれわれの目的は達成されています．
また，c が合成数ならば，上と同じ操作をさらに続けま

す．しかしここで $a>b>c>\cdots$ となっていますから，
こういう操作が無限に続くということはあり得ません．
したがって最後には a が素数の積として表されること
になります．これで証明が終わりました．

　自然数 a を素数の積の形に表すことを a の**素因数分解**と
いいます．（ただし私達は，a 自身が素数のときには，単に
$a=a$ という式を a の素因数分解の式と考えます．）与えられ
た自然数の素因数分解は，それが小さい数ならば，比較的簡
単です．少し大きい数になると私達はたちまち自分の無能を
感じはじめますが，コンピューターならば軽々とやってくれ
ます．しかし，非常に大きい数となると，たとえコンピュー
ターといえども，簡単にはやってくれません．素因数分解は，
古く，かつ永遠の話題です．
　いくつかの整数に対して，それらの素因数分解が簡単にで
きる場合には，それを用いて最大公約数や最小公倍数をみい
だすことができます．たとえば
$$42 = 2\cdot3\cdot7 \quad \text{と} \quad 180 = 2^2\cdot3^2\cdot5$$
の最大公約数は $2\cdot3=6$，最小公倍数は $2^2\cdot3^2\cdot5\cdot7=1260$ です．
また，読者および私自身の労をはぶくために最初から素因数
分解された形で与えることにしますが，
$$2\cdot3^2\cdot5\cdot7^3\cdot11$$
$$2\cdot5\cdot7^2\cdot11^2$$
$$5^3\cdot7^2\cdot11\cdot37^2$$
という 3 つの数の最大公約数は $5\cdot7^2\cdot11$，最小公倍数は
$2\cdot3^2\cdot5^3\cdot7^3\cdot11^2\cdot37^2$ です．

　問10 次の数の最大公約数と最小公倍数を求めてください．答
　は素因数分解された形で書いてください．
　(1)　$3^6\cdot19^2$ 　　　$3^3\cdot7^2\cdot19$
　(2)　$2^2\cdot5^2\cdot13^2$ 　　$2^3\cdot5\cdot11\cdot13$ 　　$2^4\cdot11^2\cdot13^3$

◆　**素数は無限にある！**
　素数は私達にいろいろ神秘な話題を提供してくれます．私
は 2 ページ前に 60 までの素数の表を書きました．もし私達
が多少の努力を惜しまなければ，1000 ぐらいまでの素数の表

は容易に作ることができるでしょう．しかし，もちろんその
あとにも素数はずっと続くのです．

素数のなかには非常におもしろい数字の配列からできてい
るものがあります．たとえば

1234567891

という数は素数です．また 11 が素数であることはすでに知
っていますが，1 という数字だけが並んでできるその次に大
きい素数は

1111111111111111111

という数です．これには 1 が 19 個並んでいます．前に紹介
した日本の数詞の読み方で読んでみれば"百十一京千百十一
兆千百十一億千百十一万千百十一"となります．ずいぶん大
きな数です！ しかし，この程度の数に驚いてはなりません．
数学の技法が発達し，コンピューターの性能が高度化するに
つれて，私達は驚嘆するほど大きい素数を知るようになりま
した．それらは，その数字を印刷しただけで数十ページにわ
たってしまうような大きい素数です．しかもそうした大きい
素数の記録はどんどん更新されていきそうな勢いです．現在
知られている最大の素数は何か？ 私は最新の情報をもって
いないし，それについて正確なことは知りません．それに，
かりに私がそれを知っていてここに記録したにしても，たぶ
んこの本が出版されるころにはその記録は破られてしまって
いることでしょう．

私は上に"最大の素数"という言葉を使いました．しかし
これは，私達が現在たしかに素数だと知っている具体的な素
数のなかで最大なもの，という意味です．いったい，ほんと
うに"最大の素数"というものは存在するのか？ それとも
そんなものはなくて，素数の列は果てしなく続くのか？ そ
うです．それは果てしなく続きます．

素数は無限に存在する！

そして，古代ギリシア人は今から二千数百年前にすでにその
事実を知り，ちゃんと証明までしていました！

私は以下に"素数が無限に存在する"ということの彼等の
証明を紹介してみようと思います．以下に述べる証明は，彼
等の証明を多少現代風に修正してあります．しかしその本質
は古代ギリシア人が与えたものと変わりがありません．

いま，われわれが証明すべき結論を否定して，素数の列 2, 3, 5, 7, 11, 13, 17, … が有限であり，したがって最大の素数というものが存在すると仮定してみましょう．その最大の素数を P とし，"すべての素数" 2, 3, 5, 7, …, P の積に 1 を加えた数を考えます．すなわち，

$$a = (2 \times 3 \times 5 \times 7 \times 11 \times \cdots \times P) + 1$$

という数を考えるのです．この数 a はむろん P よりも大きいから，素数ではありません．すなわち，a は合成数です．よって a は素数の積に分解されます．ゆえに a は少なくとも 1 つの素数によって割り切られなければなりません．ところが a は "すべての素数" 2, 3, 5, 7, …, P のどれによっても割り切れません．なぜなら，a をどの素数で割っても 1 余ってしまうからです．これは矛盾です！　したがって，素数の列が有限であるという仮定は間違いです．すなわち，素数は無限に存在します！

　これは驚くべく簡単で，あざやかな証明です．もし読者がこの証明を十分に理解し得なかったならば，先にもいったことですが，しばらくこの本を読み進んでから，またこの証明に立ち戻ってみてください．

　この証明はユークリッドの "原論" という書物の中に出ています．この書物は紀元前 3 世紀に書かれた，今日に伝わる世界最古の数学書で，長く学問の典範として仰がれた有名な書物です．

◆　2, 3, 5, 11 の倍数

　簡単なことですが，ここで，2, 3, 5, 11 という素数を因数にもつ自然数の見分け方を述べておきましょう．

　まず，2 と 5 については，その判定法はだれでも知っています．すなわち，2 を因数にもつ自然数は末尾の数字が 0, 2, 4, 6, 8 である数，5 を因数にもつ自然数は末尾の数字が 0, 5 である数です．（なお周知のことと思うので書き忘れていましたが，**因数** というのは約数と同じ意味です．）

　また，ある自然数が 3 を因数にもつかどうかは，その数のすべての位の数字の和が 3 の倍数であるかどうかできまります．なぜなら

$$9, \ 99, \ 999, \ 9999, \ 99999, \ \cdots$$

はすべて 9 の倍数，したがって 3 の倍数ですから，たとえば 5928 という数を

$$5928 = 5 \cdot 1000 + 9 \cdot 100 + 2 \cdot 10 + 8$$
$$= 5 \cdot (999+1) + 9 \cdot (99+1) + 2 \cdot (9+1) + 8$$
$$= (5 \cdot 999 + 9 \cdot 99 + 2 \cdot 9) + (5+9+2+8)$$

と書きなおしてみると，前のかっこの部分は 9 で割り切れ，したがって 3 で割り切れます．そして 5+9+2+8=24 も 3 の倍数です．よって 5928 は 3 で割り切れます．一方 6478 は 6+4+7+8=25 が 3 の倍数でないから，3 では割り切れません．

　与えられた自然数が 11 を因数にもつかどうかについては次のような判定法があります．まず，

$$11, \ 99, \ 1001, \ 9999, \ 100001, \ 999999, \ \cdots$$

はどれも 11 で割り切れることに注意しましょう．このうち 99, 9999, … のように，9 が偶数個並んだ数が 11 で割り切れるのは明らかですね．また 1001, 100001, … のように，偶数けたで，両端の数字が 1，間の数字がすべて 0 である数は，それぞれ

$$1001 = 990+11, \quad 100001 = 99990+11, \cdots$$

のようになりますから，やはり 11 で割り切れるのです．そこで，たとえば 42834 という数を考えてみましょう．この数は

$$4 \cdot 10000 + 2 \cdot 1000 + 8 \cdot 100 + 3 \cdot 10 + 4$$
$$= 4 \cdot (9999+1) + 2 \cdot (1001-1) + 8 \cdot (99+1) + 3 \cdot (11-1) + 4$$
$$= (4 \cdot 9999 + 2 \cdot 1001 + 8 \cdot 99 + 3 \cdot 11) + (4-2+8-3+4)$$

となり，上に述べた理由から，はじめのかっこの部分は 11 で割り切れます．また 4-2+8-3+4=11 ですから，結局 42834 は 11 で割り切れることがわかります．一般に，ある自然数が 11 の倍数であるかどうかは，各位の数字を交互に ＋，－ として加えた結果が 11 の倍数であるかどうかによって判定することができるのです．たとえば，12345 は

$$1-2+3-4+5 = 3$$

ですから 11 の倍数ではないが，623898 は

$$6-2+3-8+9-8 = 0$$

となるので 11 で割り切れます．

34　　① 数学はここから始まる——数

◆　ユークリッドの互除法

　2つの正の整数 a, b の最大公約数を求めるには，すでに言ったように，a, b を素因数分解すればよろしい．しかし，これもすでに言ったように，私達が机上で紙と鉛筆だけを相手にしているときには，素因数分解はなかなか簡単にはできません．

　2つの正の整数 a, b の最大公約数を求めるのに，もっと実際的な方法は "ユークリッドの互除法" です．それは次のような方法です．

　いま $a \geqq b$ とし，a を b で割った商を q，余りを r とします．すなわち

$$a = bq + r, \quad 0 \leq r < b$$

とします．このとき，もし $r=0$ ならば，すなわち a が b で割り切れるならば，b が a と b の最大公約数です．また，もし $r>0$ ならば，上の式から $r=a-bq$ ですから，e を a, b の任意の公約数とすると，右辺の $a-bq$ が e で割り切れ，したがって r が e で割り切れます．ゆえに e は b と r の公約数となります．一方，e' を b, r の任意の公約数とすると，$a = bq + r$ という式から e' は a を割り切り，したがって e' は a, b の公約数となります．これで，a と b の公約数は b と r の公約数であり，逆に b と r の公約数は a と b の公約数であることがわかりました．よって "a, b の公約数全体の集合" は "b, r の公約数全体の集合" と一致します．このことからとくに

$$(a, b \text{ の最大公約数}) = (b, r \text{ の最大公約数})$$

であることがわかります．

　次に b を r で割った余りを r_1 とすれば，上に述べたのと同様の理由で，$r_1=0$ ならば r が b と r の最大公約数となり，$r_1>0$ ならば

$$(a, b \text{ の最大公約数}) = (b, r \text{ の最大公約数})$$
$$= (r, r_1 \text{ の最大公約数})$$

となります．この方法を割り切れるところまで続ければ，有限回の割り算によって必ず a, b の最大公約数が求められます．

　上に述べた方法が**ユークリッドの互除法**です．これは古くから知られている有名な方法です．実はこれも，前に紹介し

たユークリッドの"原論"という書物の中にすでにはっきり
と書かれているのです.

　一例として，247 と 962 の最大公約数をユークリッドの互
除法によって求めてみましょう.

　　　　962÷247 を計算すると，商が 3，余りが 221
　　　　247÷221 を計算すると，商が 1，余りが 26
　　　　221÷26 を計算すると，商が 8，余りが 13
　　　　　26÷13 を計算すると，商が 2 で割り切れる！
よって 247，962 の最大公約数は 13 です.

　上の計算を右のような形式で書くこと
ができます.ある人から教わった話です
が，この計算様式を"あらず法"という
のだそうです.そういえば，漢字の非ず
(あらず)に似ていますね.

247	3	962
221	1	741
26	8	221
26	2	208
0		13

問11　ユークリッドの互除法によって，次の 2 つの数の最大公
　　　約数を求めてください.
　　(1)　255 と 315　　(2)　288 と 639　　(3)　6292 と 8580

◆　最大公約数のある性質

　私は次に，ユークリッドの互除法から得られる 1 つの副産
物について述べようと思います.これはたぶん後に応用の機
会があると思いますが，整数の理論において重要な役割を果
たします.

　たとえば，上で 247 と 962 の最大公約数を求めたときの計
算を等式の形で書いてみましょう.そうすると

　　　　　$962 = 247 \cdot 3 + 221$ 　　　　　　　①
　　　　　$247 = 221 \cdot 1 + 26$ 　　　　　　　②
　　　　　$221 = 26 \cdot 8 + 13$ 　　　　　　　③
　　　　　　$26 = 13 \cdot 2$ ……よって 13 が最大公約数

となります.いま，わかりやすいように①，②，③をそれぞ
れ

　　　　　$221 = 962 - 247 \cdot 3$ 　　　　　　①′
　　　　　　$26 = 247 - 221 \cdot 1$ 　　　　　　②′
　　　　　　$13 = 221 - 26 \cdot 8$ 　　　　　　③′

と書きなおしておき，③′ の 26 に ②′ の右辺を代入し，それを

整理した式の 221 に ①′ の右辺を代入して，また整理します．
そうすると，次のようになります．

$$13 = 221 - 26 \cdot 8 \qquad \cdots\cdots\cdots ②′ \text{の右辺を代入}$$
$$= 221 - (247 - 221 \cdot 1) \cdot 8$$
$$= 247 \cdot (-8) + 221 \cdot 9 \qquad \cdots\cdots\cdots ①′ \text{の右辺を代入}$$
$$= 247 \cdot (-8) + (962 - 247 \cdot 3) \cdot 9$$
$$= 247 \cdot (-35) + 962 \cdot 9$$

すなわち

$$13 = 247 \cdot (-35) + 962 \cdot 9$$

という結果が得られました．これで，247 と 962 の最大公約
数 13 はある整数 r, s によって

$$247r + 962s$$

という形に表されることがわかりました．今の場合，その整
数 r, s はそれぞれ $r = -35$, $s = 9$ です．

　もう1つ，もっと簡単な例を挙げてみま
しょう．126 と 45 の最大公約数は 9 です．
これは素因数分解によってもすぐにわかり
ますが，"あらず法"で計算すれば，右のよ
うになります．

45	2	126
36	1	90
9	4	36
		36
		0

　この計算を等式の形に書くと下の左のよ
うになります．

$$126 = 45 \cdot 2 + 36 \quad \cdots④ \qquad 36 = 126 - 45 \cdot 2 \quad \cdots④′$$
$$45 = 36 \cdot 1 + 9 \quad \cdots⑤ \qquad 9 = 45 - 36 \cdot 1 \quad \cdots⑤′$$
$$36 = 9 \cdot 4$$

上の ④，⑤ を ④′，⑤′ と書きなおし，⑤′ の 36 に ④′ の右辺
を代入すれば

$$9 = 45 - 36 \cdot 1 \qquad \cdots\cdots\cdots ④′ \text{の右辺を代入}$$
$$= 45 - (126 - 45 \cdot 2) \cdot 1$$
$$= 45 \cdot 3 + 126 \cdot (-1)$$

となります．すなわち，この場合も最大公約数 9 が

$$45r + 126s \quad (r, s \text{は整数})$$

の形に表されました．この場合は $r = 3$, $s = -1$ です．

　このように，一般に2つの正の整数 a, b の最大公約数を
d とすると，d は適当な整数 r, s によって $d = ar + bs$ と表
されるのです．そして r, s を求めるためには，互除法の計算
式が用いられます．どうですか？　計算の要領はおわかりで

すか? 練習のため，次の問をやってみてください．この問の答を出すためには，前問でやった計算をそのまま役立てることができます．

問 12 問 11 の (1) の 255 と 315 の最大公約数に対して
$$最大公約数 = 255r + 315s$$
を成り立たせる整数 r, s を求めてください．また，問 11 の (2) の 288 と 639 の最大公約数に対して
$$最大公約数 = 288r + 639s$$
を成り立たせる整数 r, s を求めてください．

　上にみたように，2 つの正の整数 a, b の最大公約数 d は適当な整数 r, s によって $d = ar + bs$ と表されます．ここで a, b は必ずしも正である必要はなく，負であってもかまいません．実際，たとえば 247 と 962 の最大公約数 13 は
$$13 = 247 \cdot (-35) + 962 \cdot 9$$
と表されましたが，もし 247 と -962 だったら
$$13 = 247 \cdot (-35) + (-962) \cdot (-9)$$
$$すなわち \quad r = -35, \ s = -9$$
とすればよいからです．

　a, b が具体的な数でなく一般の整数を表す文字である場合には，$ar + bs$ のかわりに $ra + sb$ と書いてもよいでしょう．どちらがいいということはありません．これは趣味の問題です．私は上に得た結果を次の形にまとめておこうと思います．

---

　0 でない 2 つの整数 a, b の最大公約数を d とすると，d は適当な整数 r, s によって
$$d = ra + sb$$
と表される．

　上に書いた事実は，ことによると，多くの読者にとって目新しいものであったかも知れません．しかし，べつに難しいことではなかったろうと思います．これは有用な事実です．もし読者が難しいと思うことがあったら，くり返して言っておきますが，気楽に読み進んでおいて，少したってからまた読みなおしてみてください．

38   ① 数学はここから始まる──数

上記の結果から，とくに a, b が互いに素な場合（すなわち $d=1$ の場合）には，次のことがわかります．

整数 a, b が互いに素ならば
$$ra + sb = 1$$
となるような整数 r, s が存在する．

問13 $82r + 17s = 1$ となるような整数 r, s を求めてください．

終わりに，$d = ra + sb$ を成り立たせる整数 r, s はただ1通りにきまるわけではないことを注意しておきましょう．たとえば，等式

$$13 = 247r + 962s \qquad (*)$$

は，上にみたように $r = -35$, $s = 9$ に対して成り立ちますが，$r = 39$, $s = -10$；$r = -109$, $s = 28$ などに対しても成り立ちます．一般に n を任意の整数として

$$r = -35 + 74n, \qquad s = 9 - 19n \qquad (**)$$

とおけば，この r, s は $(*)$ を満たします．すなわち，上の等式 $(*)$ を成り立たせる整数 r, s の組は無限に存在するのです．問 12 や 13 の答の r, s も "解の1組" を示してあるだけに過ぎず，実際には解は無限に存在します．（なお，ついでに書いておきますと，上の等式 $(*)$ を成り立たせる整数 r, s の "すべての解" は $(**)$ によって与えられます．なぜか？意欲のある読者はその理由を考えてみてください．）

◆ **集合の記法，部分集合**

ついでながら，上記の話に関連して，ここで集合の一般的な書き方などを紹介しながら，整数の集合についての1つの性質を述べておこうと思います．まず，集合の記法などについてひと通り説明しましょう．

ものの集まりを集合とよぶことは前にもいいました．1つの集合を構成している個々のものをその集合の**要素**とよびます．要素のかわりに**元**（げん）という言葉を用いることもあります．

もの a が集合 A の要素であるとき，a は A に**属する**といい，

$$a \in A \quad \text{または} \quad A \ni a$$

と書きます. a が A の要素でないときには

$$a \notin A \quad \text{または} \quad A \not\ni a$$

と書きます. たとえば, A を自然数全体の集合とすると, $1 \in A$, $4 \in A$, $-2 \notin A$, $\frac{1}{3} \notin A$ です. また, A を有理数全体の集合とすると, $-2 \in A$, $\frac{1}{3} \in A$, $\sqrt{2} \notin A$, $\pi \notin A$ です.

集合が, 要素 $a, b, c, \cdots$ からつくられているとき, その集合を, 要素を書き並べて

$$\{a, b, c, \cdots\}$$

で表します. たとえば, 10 の正の約数全体の集合は $\{1, 2, 5, 10\}$ で表されます. また, 自然数全体の集合は $\{1, 2, 3, 4, \cdots\}$ で表されます. この集合は無限に多くの要素をもつのでそのすべての要素を書き並べることはできませんが, いま書いたように書けば $\cdots$ の部分の意味は明白でしょうから, こうした書き方が許されるのです. 同様に $\{1, 3, 5, 7, \cdots\}$ と書けば, あなたはこれを(あなたがよほど変わった人でない限り)正の奇数全体の集合と解釈するでしょう.

有限個の要素しかもたない集合を**有限集合**といい, 無限個の要素をもつ集合を**無限集合**といいます. 10 の正の約数全体の集合 $\{1, 2, 5, 10\}$ は有限集合で, 一方, 自然数全体の集合 $\{1, 2, 3, 4, \cdots\}$ は無限集合です.

正の有理数全体の集合は上のような記法で表すことはできません. いくつかの正の有理数を書いてそのあとに $\cdots$ と書いても, $\cdots$ の意味を明確にさせることはだれにもできないからです. そこで, この集合を

$$\{x \mid x \text{ は正の有理数}\}$$

という記法で表します. 同様に $\{x \mid x \text{ は正の実数}\}$ と書けば, これは正の実数全体の集合を表します. また文字 x が実数を表しているという了解のもとで $\{x \mid 0 < x < 1\}$ と書けば, これは 0 より大きく 1 より小さい実数全体の集合を表します. すなわち一般に, ある条件を満たしている x 全体の集合を

$$\{x \mid x \text{ の満たす条件}\}$$

という記法で表すのです. ここで, 文字 x は他の任意の文字におきかえても意味は同じです. たとえば $\{y \mid y \text{ は正の実数}\}$ はやはり正の実数全体の集合を表します.

上の記法は次のようにもう少し拡張した意味にも用いられます. たとえば,

$$\{2n \mid n \text{ は整数}\}$$

は，n がすべての整数を動くときの整数 $2n$ 全体の集合，すなわち，偶数 $0, 2, -2, 4, -4, \cdots$ 全体の集合を表します．$\{2n+1 \mid n \text{ は整数}\}$ は，奇数全体の集合です．もっと一般的な用法，たとえば

$$\{247m + 962n \mid m, n \text{ は整数}\}$$

の意味も，読者は容易に理解することができるでしょう．これは，247 の任意の倍数 $247m$ と 962 の任意の倍数 $962n$ との和全体の集合を表しています．

　A, B が 2 つの集合で，A のすべての要素が B に属しているとき，すなわち "$x \in A$ ならば $x \in B$" であるとき，A を B の**部分集合**といい，

$$A \subset B \quad \text{または} \quad B \supset A$$

と書きます．またこのとき，A は B に**含まれる**，B は A を**含む**といいます．（高校の教科書などでは，ふつう，$\subseteqq, \supseteqq$ という記号を使いますが，この講義ではもっと単純な記号 $\subset$, $\supset$ を用います．）

　$A \subset B$ であって同時に $B \subset A$ であるならば，A と B の要素は全く一致します．このとき 2 つの集合 A, B は**等しい**といって $A = B$ と書きます．$A \subset B$ であるが $A = B$ ではないとき，A を B の**真部分集合**といいます．たとえば，整数全体の集合は有理数全体の集合の真部分集合です．

◆　整数の集合についての 1 つの命題

　さて，整数の話がだいぶ長びきましたが，最後に，整数の集合についての 1 つの命題を述べて，ひとまず，この話題をしめくくることにしましょう．

　いま a, b を 2 つの与えられた 0 でない整数として，集合

$$A = \{ma + nb \mid m, n \text{ は整数}\}$$

を考えます．これは，a の任意の倍数 ma と b の任意の倍数 nb との和である $ma + nb$ という形の整数全体の集合です．また a, b の最大公約数を d として，d の倍数全体の集合を

$$B = \{kd \mid k \text{ は整数}\}$$

とします．私がここで示そうと思うのは，この 2 つの集合 A, B が実は "等しい" ということです．たとえば，私達は前にユークリッドの互除法によって 247 と 962 の最大公約数が

1.3 整数　41

13 であることをみました．上に言った主張によれば，m, n を整数として $247m+962n$ の形に書かれる整数全体の集合は，13 の倍数全体の集合と一致します．すなわち

$$\{247m+962n \mid m, n \text{ は整数}\} = \{13k \mid k \text{ は整数}\}$$

です．私は次に命題を一般的な形で述べ，かつ一般的な形で証明しましょう．もし読者が"一般的な形"ということに抵抗を感じるならば，この証明を，たとえば $a=247, b=962, d=13$ として読まれるとよいと思います．そうすれば，たぶん具体的なイメージによって証明を理解することができるでしょう．

---

a, b を 0 でない整数とし，d を a, b の最大公約数とすると，集合

$$\{ma+nb \mid m, n \text{ は整数}\}$$

は，d の倍数全体の集合 $\{kd \mid k \text{ は整数}\}$ と一致する．

証明
$$A = \{ma+nb \mid m, n \text{ は整数}\},$$
$$B = \{kd \mid k \text{ は整数}\}$$

とおきます．

x を A の任意の要素とすると，x はある整数 m, n によって $x=ma+nb$ と表されます．ここで a, b はともに d の倍数ですから，$ma+nb$ は d の倍数です．したがって $x=ma+nb$ は B の要素となります．すなわち

$$\text{"}x \in A \quad \text{ならば} \quad x \in B\text{"}$$

です．これで $A \subset B$ ということがわかりました．

次に y を B の任意の要素とすると，y はある整数 k によって $y=kd$ と表されます．ところが，私達はすでに，d が適当な整数 r, s によって

$$\underline{d = ra+sb}$$

と表されることを知っています．したがって

$$y = kd = k(ra+sb) = (kr)a+(ks)b$$

となり，$kr=m, ks=n$ とおくと，y は $y=ma+nb$ と表されます．これは y が A の要素であることを示しています．すなわち

$$\text{"}y \in B \quad \text{ならば} \quad y \in A\text{"}$$

です．よって $B \subset A$ であり，前に証明された $A \subset B$ と合わせて，$A=B$ であることが証明されました．

42   ① 数学はここから始まる——数

　　上の命題によって，とくに a, b が互いに素な整数である
場合には，集合 $\{ma+nb \mid m, n \text{ は整数}\}$ は整数全体の集合と
一致することがわかります．

問14　次の集合を1つの整数の倍数全体の集合の形に書きなお
　　してください．
　　(1)　$\{6m+15n \mid m, n \text{ は整数}\}$
　　(2)　$\{242m+880n \mid m, n \text{ は整数}\}$

問15　次の集合は整数全体の集合と一致します．その理由をい
　　ってください．
　　(1)　$\{4m+3n \mid m, n \text{ は整数}\}$
　　(2)　$\{10000m+3969n \mid m, n \text{ は整数}\}$

1.4　平方根を含む式の計算

　　話の方向をだいぶ変えて，こんどは平方根，および平方根
を含む式の計算を扱います．この節は簡単です．その内容は
だいたい単純な計算練習ばかりです．思考的に難しいところ
は(平方根の存在という一番根本の問題を別にすれば)ほとん
どありません．

◆　**平方根**

　　a を実数とするとき，2乗すれば a になる数，すなわち

$$x^2 = a$$

となるような数 x を a の**平方根**といいます．

　　a が正の数ならば，a の平方根は実際存在します！　私達
はこのことを承認しておきましょう．というのは，このこと
を厳密に証明するのは実は相当難しいことだからです．この
ことを厳密に証明するためには，実数の性質をふかく研究し
ておかなければなりません．この講義で，こうした根本問題
にまでさかのぼることは——私はできれば，それをしたいと
思いますが——たぶん，困難です．それは“初等数学”では
なく“高等数学”の範囲に属しています．しかし，この講義
の先のことは(私自身にも未知の世界なので)，ここではっき
りしたことを断言することはできません．そこで，ここでは
とにかく，正の数 a に対してその平方根が存在する，という

事実を承認しておきます！　それは2つあって，一方は正の数，他方は負の数で，同じ絶対値をもっています．このうち，正の平方根のほうを $\sqrt{a}$ という記号で表します．したがって，負の平方根は $-\sqrt{a}$ です．記号 $\sqrt{}$ は**根号**とよばれ，$\sqrt{a}$ は"ルート a"とよみます．たとえば，4の平方根は2と -2 であって，$\sqrt{4}=2$ です．一般に，正の数 a に対して，$\sqrt{a}$ と $-\sqrt{a}$ は右の図に示されるような原点に関して対称的な2つの数を表しています．

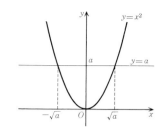

a が1から10までの整数であるとき，$\sqrt{a}$ の値を電卓(8けた数字のきわめて小さいもの)で求めると，次のようになります．

$$\sqrt{1} = 1$$
$$\sqrt{2} = 1.4142135\cdots$$
$$\sqrt{3} = 1.7320508\cdots$$
$$\sqrt{4} = 2$$
$$\sqrt{5} = 2.2360679\cdots$$
$$\sqrt{6} = 2.4494897\cdots$$
$$\sqrt{7} = 2.6457513\cdots$$
$$\sqrt{8} = 2.8284271\cdots$$
$$\sqrt{9} = 3$$
$$\sqrt{10} = 3.1622776\cdots$$

以上のうち $\sqrt{1},\sqrt{4},\sqrt{9}$ を除けば，他はすべて無理数です．このことはもう前にも述べました．

0の平方根はもちろん0だけです．そこで $\sqrt{0}=0$ と定めます．

負の数の平方根は存在しません．なぜなら，どんな実数 x に対しても $x^2\geqq 0$ でしたから，a が負の数の場合には $x^2=a$ となる実数 x は存在しないのです．

もっとも，私達は後にもっと数の範囲をひろげます．そのひろげられた数の範囲においては，負の数の平方根も存在します．上に，負の数の平方根は存在しないといったのは，正確には"実数の範囲には存在しない"というべきです．しかし私達は，そうした数の拡張について論ずる機会が訪れるまでは，数というのはいつでも実数のことを意味していると考えることにしておきます．

44   1   数学はここから始まる——数

◆   平方根の性質

次に平方根について，というよりもっと正しくいえば $\sqrt{a}$ という数について，基本的な 2 つの性質を述べておきましょう．

性質 1   任意の実数 a に対して
$$\sqrt{a^2} = |a|$$

証明 $a^2 = (-a)^2$ であって，

$\qquad a>0$ ならば，a^2 の正の平方根は a

$\qquad a<0$ ならば，a^2 の正の平方根は $-a$

です．$\sqrt{a^2}$ の意味と a の絶対値 $|a|$ の意味とを考えれば，これから，a が正でも負でも $\sqrt{a^2}=|a|$ の成り立つことがわかります．$a=0$ の場合 $\sqrt{a^2}=|a|$ であることは明らかです．

性質 2 $a>0,\ b>0$ のとき
$$1 \quad \sqrt{ab} = \sqrt{a}\sqrt{b} \qquad 2 \quad \sqrt{\frac{a}{b}} = \frac{\sqrt{a}}{\sqrt{b}}$$

証明   1 $\sqrt{a}=A,\ \sqrt{b}=B$ とおけば，
$$A^2 = a, \qquad B^2 = b$$
したがって $(AB)^2 = A^2 B^2 = ab$ となります．また $A>0$，$B>0$ ですから，$AB>0$ です．ゆえに，AB は ab の正の平方根になっています．よって
$$\sqrt{ab} = AB = \sqrt{a}\sqrt{b}$$
となります．

2 も 1 と同様にして証明されます．

$a>0$ ならば $\sqrt{a^2}=a$ ですから，**性質 2** の **1** によって $a>0$，$b>0$ のとき $\sqrt{a^2 b}=\sqrt{a^2}\sqrt{b}=a\sqrt{b}$，すなわち
$$\sqrt{a^2 b} = a\sqrt{b} \qquad\qquad ①$$
となります．この公式は根号の中の数を簡単なものにするためによく用いられます．

なお，ついでに述べておきますが，私達は前に 21 ページの問 8 で，$|ab|=|a|\,|b|$ という等式を，a, b の符号によっていろいろに場合わけして証明しました．それは多少繁雑でした．しかし上の性質 **1, 2** を用いると，そのような場合わけをしないで，統一的にきれいに証明することができます．それはたった 2 行ですみます．すなわち次の通りです．

a も b も 0 でないとすると, 性質 $\mathbf{1}, \mathbf{2}$ によって

$$|ab| = \sqrt{(ab)^2} = \sqrt{a^2 b^2} = \sqrt{a^2}\sqrt{b^2} = |a|\,|b|$$

これで $|ab|=|a|\,|b|$ が証明されました！（a, b の少なくとも一方が 0 である場合には, $|ab|, |a|\,|b|$ はともに 0 になりますから, 当然この等式は成り立ちます.）

もっとも, 上の証明の根拠とした性質 $\mathbf{1}$ の $\sqrt{a^2} = |a|$ という証明のところで実は私達はすでに場合わけをして考えています. ですから, 上の証明の "きれいさ" はいわば見かけ上のものにすぎないといえるかも知れません. とはいっても, やはりこの種の統一によって数学の記述を簡明なものにすることは, 少なくとも審美的な効果をもつという意味では重要なことであろうと思います.

◆ 平方根を含む式の計算

上の法則 $\mathbf{1}, \mathbf{2}$, さらに上の式 ① などを用いて, われわれは次のような変形や計算をすることができます. ここでは私は, 必要以上に読者を計算練習に立ちとどまらせたくないので, 必要最小限の計算例を提示するだけにとどめます.

例　(1)　$\sqrt{20} = \sqrt{2^2 \times 5} = 2\sqrt{5}$

(2)　$\sqrt{0.27} = \sqrt{\dfrac{27}{100}} = \dfrac{\sqrt{3^2 \times 3}}{\sqrt{100}} = \dfrac{3\sqrt{3}}{10}$

例　(1)　$5\sqrt{8} - \sqrt{18} - 3\sqrt{32} + \sqrt{50}$
$= 5\sqrt{2^2 \times 2} - \sqrt{3^2 \times 2} - 3\sqrt{4^2 \times 2} + \sqrt{5^2 \times 2}$
$= 5 \cdot 2\sqrt{2} - 3\sqrt{2} - 3 \cdot 4\sqrt{2} + 5\sqrt{2}$
$= 10\sqrt{2} - 3\sqrt{2} - 12\sqrt{2} + 5\sqrt{2} = 0$

(2)　$(2\sqrt{2} + 5\sqrt{3})(5\sqrt{2} - 3\sqrt{3})$
$= (2\sqrt{2} + 5\sqrt{3}) \times 5\sqrt{2} - (2\sqrt{2} + 5\sqrt{3}) \times 3\sqrt{3}$
$= 2\sqrt{2} \cdot 5\sqrt{2} + 5\sqrt{3} \cdot 5\sqrt{2}$
$\quad - 2\sqrt{2} \cdot 3\sqrt{3} - 5\sqrt{3} \cdot 3\sqrt{3}$
$= 20 + 25\sqrt{6} - 6\sqrt{6} - 45 = -25 + 19\sqrt{6}$

問16　次の式を計算し, 結果をなるべく簡単に表してください.

(1)　$\sqrt{8} + \sqrt{18} - \sqrt{72}$　　　(2)　$\sqrt{108} - 4\sqrt{3}$

(3)　$(2\sqrt{7} - 5)(2\sqrt{7} + 5)$　　(4)　$\left(\sqrt{\dfrac{3}{2}} - \sqrt{\dfrac{2}{3}} \right)^2$

46   ① 数学はここから始まる——数

◆ **分母の有理化**

たとえば $\dfrac{1}{\sqrt{6}-\sqrt{3}}$ の値を概算したいと思うとき，$\sqrt{6}$，$\sqrt{3}$ の近似値

$$\sqrt{6} \fallingdotseq 2.4495, \qquad \sqrt{3} \fallingdotseq 1.7321$$

を直接この式に代入して

$$\frac{1}{\sqrt{6}-\sqrt{3}} \fallingdotseq \frac{1}{2.4495-1.7321} = \frac{1}{0.7174}$$

とすると，計算がかなり面倒です．それは分母が複雑な数であるからです．もちろん電卓を使えば一瞬に答が出ますが，私達はいつでも電卓を使える状況にいるとは限りません．（それに，あまり機械にばかり頼っていると，人間らしい思考能力や計算能力が衰退してしまいます！）上のような計算では，ちょっとした工夫で，"割る数"すなわち分母を簡単なものにすることができます．すなわち，分母と分子にそれぞれ $\sqrt{6}+\sqrt{3}$ を掛けるとよろしい．皆さんは，むろん

$$(a+b)(a-b) = a^2 - b^2$$

という公式をよくご存知でしょう．したがって $\dfrac{1}{\sqrt{6}-\sqrt{3}}$ の分母と分子に $\sqrt{6}+\sqrt{3}$ を掛けると

$$\frac{1}{\sqrt{6}-\sqrt{3}} = \frac{\sqrt{6}+\sqrt{3}}{(\sqrt{6}-\sqrt{3})(\sqrt{6}+\sqrt{3})} = \frac{\sqrt{6}+\sqrt{3}}{(\sqrt{6})^2 - (\sqrt{3})^2}$$

$$= \frac{\sqrt{6}+\sqrt{3}}{6-3} = \frac{\sqrt{6}+\sqrt{3}}{3}$$

となります．ゆえに，もしこの数の近似値を求めたければ，それは

$$\frac{\sqrt{6}+\sqrt{3}}{3} \fallingdotseq \frac{2.4495+1.7321}{3} = 1.3939$$

として，簡単に計算できます．（ついでに述べておきますが，上で使った $\fallingdotseq$ という記号は"ほぼ等しい"ことを示す記号です．）

一般に，分母 b に根号が含まれている $\dfrac{a}{b}$ の形の式を，分母が根号を含まない式になおすことを**分母の有理化**といいます．これは上のように"近似値を求める"という目的ばかりではなく，数学のいろいろな場合において適切な処置なのです．

m や n が整数で，分母が $\sqrt{m}$，$\sqrt{m}+\sqrt{n}$，$\sqrt{m}-\sqrt{n}$ である式は，分母と分子にそれぞれ $\sqrt{m}$，$\sqrt{m}-\sqrt{n}$，$\sqrt{m}+\sqrt{n}$ を掛

けることによって，有理化することができます．さらにいくつかの例を挙げてみましょう．

例　(1) $\dfrac{2}{\sqrt{18}} = \dfrac{2}{3\sqrt{2}} = \dfrac{2\sqrt{2}}{3(\sqrt{2})^2} = \dfrac{2\sqrt{2}}{3\times 2} = \dfrac{\sqrt{2}}{3}$

(2) $\dfrac{\sqrt{2}}{\sqrt{3}+\sqrt{2}} = \dfrac{\sqrt{2}(\sqrt{3}-\sqrt{2})}{(\sqrt{3}+\sqrt{2})(\sqrt{3}-\sqrt{2})}$

$= \dfrac{\sqrt{2}\sqrt{3}-(\sqrt{2})^2}{(\sqrt{3})^2-(\sqrt{2})^2} = \dfrac{\sqrt{6}-2}{3-2}$

$= \sqrt{6}-2$

(3) $\dfrac{2}{\sqrt{5}-1} = \dfrac{2(\sqrt{5}+1)}{(\sqrt{5}-1)(\sqrt{5}+1)}$

$= \dfrac{2(\sqrt{5}+1)}{(\sqrt{5})^2-1^2} = \dfrac{2(\sqrt{5}+1)}{4} = \dfrac{\sqrt{5}+1}{2}$

問 17　次の式の分母を有理化してください．

(1) $\dfrac{1}{\sqrt{28}}$ 　　(2) $\dfrac{1}{\sqrt{2}-1}$ 　　(3) $\dfrac{4}{\sqrt{5}+2}$

問 18　$\sqrt{7}$ の近似値 2.6458 を用いて $\dfrac{3}{\sqrt{7}-2}$ の近似値を求めてください．

◆ 二重根号の簡約

分母の有理化のところで

$$(a+b)(a-b) = a^2-b^2$$

という公式を使いましたが，

$$(a+b)^2 = a^2+2ab+b^2$$
$$(a-b)^2 = a^2-2ab+b^2$$

という公式も，むろん読者におなじみのものです．（上の3つの公式は初等代数における最も基本的な公式で，いわば基本公式の"御三家"です！）

さて，$a>0$, $b>0$ のとき，上の $(a+b)^2$, $(a-b)^2$ の公式の a, b のところに $\sqrt{a}$, $\sqrt{b}$ を代入すると

$$(\sqrt{a})^2 = a, \quad \sqrt{a}\sqrt{b} = \sqrt{ab}, \quad (\sqrt{b})^2 = b$$

ですから，

$$(\sqrt{a}+\sqrt{b})^2 = a+2\sqrt{ab}+b$$
$$(\sqrt{a}-\sqrt{b})^2 = a-2\sqrt{ab}+b$$

となります．そして右の図からわかるように，$a>b$ ならば $\sqrt{a}>\sqrt{b}$, すなわち $\sqrt{a}-\sqrt{b}$ は正です．

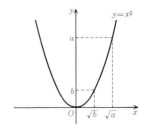

48　　① 数学はここから始まる――数

上のことから，$a>0$，$b>0$ のとき

$(a+b)+2\sqrt{ab}$ の正の平方根は $\sqrt{a}+\sqrt{b}$，

さらに $a>b$ ならば

$(a+b)-2\sqrt{ab}$ の正の平方根は $\sqrt{a}-\sqrt{b}$

であることがわかります．したがって

$$\sqrt{(a+b)+2\sqrt{ab}} = \sqrt{a}+\sqrt{b}$$
$$\sqrt{(a+b)-2\sqrt{ab}} = \sqrt{a}-\sqrt{b} \quad ただし，a>b$$

です．下の式では"ただし，$a>b$"というただし書きが必要です．

一般に p, q が 2 つの実数であるとき，

$$\sqrt{p+2\sqrt{q}}, \quad \sqrt{p-2\sqrt{q}}$$

のような式は，根号を"二重に"含んでいるので，"二重根号の式"とよばれます．しかし，上に述べたことから，もし与えられた p, q に対して，和が p，積が q，すなわち

$$p = a+b, \quad q = ab$$

となる 2 つの正の実数 a, b がみいだされたならば，上の二重根号の式をそれぞれ

$$\sqrt{p+2\sqrt{q}} = \sqrt{a}+\sqrt{b}$$
$$\sqrt{p-2\sqrt{q}} = \sqrt{a}-\sqrt{b} \quad ただし，a>b$$

と書きなおすことができます．このように変形することを**二重根号をはずす**といいます．いくつかの例を挙げてみましょう．

例 (1) $\sqrt{5+2\sqrt{6}}$

和が 5，積が 6 となる 2 数は 3 と 2．

よって　$\sqrt{5+2\sqrt{6}} = \sqrt{3}+\sqrt{2}$

(2) $\sqrt{6-2\sqrt{8}}$

和が 6，積が 8 となる 2 数は 4 と 2 で，$4>2$．

よって　$\sqrt{6-2\sqrt{8}} = \sqrt{4}-\sqrt{2} = 2-\sqrt{2}$

(3) $\sqrt{7+\sqrt{24}}$

まず $\sqrt{p+2\sqrt{q}}$ の形に変形すると，$\sqrt{24}=\sqrt{2^2\cdot 6}=2\sqrt{6}$ ですから，$\sqrt{7+\sqrt{24}}=\sqrt{7+2\sqrt{6}}$ となります．そして，和が 7，積が 6 となる 2 数は 6 と 1．

よって　$\sqrt{7+\sqrt{24}} = \sqrt{6}+\sqrt{1} = \sqrt{6}+1$

(4) $\sqrt{3-\sqrt{5}}$

これは，このままでは $\sqrt{p-2\sqrt{q}}$ の形にはなりません．そこで，これを $\dfrac{\sqrt{3-\sqrt{5}}}{1}$ と考え，分母と分子に $\sqrt{2}$ を掛けて，次のように変形します．

$$\sqrt{3-\sqrt{5}} = \frac{\sqrt{6-2\sqrt{5}}}{\sqrt{2}} = \frac{\sqrt{5}-1}{\sqrt{2}} = \frac{\sqrt{10}-\sqrt{2}}{2}$$

上の例(3)，(4)でもわかるように，二重根号の式を簡約するときは，まず $\sqrt{p+2\sqrt{q}}$ または $\sqrt{p-2\sqrt{q}}$ の形になおしておくことが必要です．$\sqrt{q}$ に "2" が掛かっていることに注意してください．

問 19 次の式の二重根号をはずして簡単にしてください．
 (1) $\sqrt{4+2\sqrt{3}}$　　(2) $\sqrt{9-2\sqrt{20}}$　　(3) $\sqrt{8+\sqrt{60}}$
 (4) $\sqrt{15-6\sqrt{6}}$　　(5) $\sqrt{2-\sqrt{3}}$　　(6) $\sqrt{5+\sqrt{21}}$

問 20 $\sqrt{3-2\sqrt{2}}+\sqrt{5-2\sqrt{6}}+\sqrt{7-2\sqrt{12}}$ の値はいくらですか？

なお，念のために注意しておきますと，"二重根号の簡約" というのは，実際上，$\sqrt{p+2\sqrt{q}}$ または $\sqrt{p-2\sqrt{q}}$ において p，q が正の<u>整数</u>であり，その p，q に対して和が p，積が q となる 2 つの数 a，b がまた正の<u>整数</u>である場合にのみ，実効があるのです．たとえば，$\sqrt{6+2\sqrt{7}}$ という二重根号の式に対して，和が 6，積が 7 となる 2 つの数を求めると，$3+\sqrt{2}$ と $3-\sqrt{2}$ になります．実際，

$$(3+\sqrt{2})+(3-\sqrt{2}) = 6$$
$$(3+\sqrt{2})(3-\sqrt{2}) = 3^2-(\sqrt{2})^2 = 9-2 = 7$$

ですから，これはたしかですね．したがって，二重根号の簡約の式にあてはめてみると

$$\sqrt{6+2\sqrt{7}} = \sqrt{3+\sqrt{2}}+\sqrt{3-\sqrt{2}}$$

となりますが，この右辺もまた二重根号を含んでいます！ゆえに実際には "簡約" になっていません．すなわち $\sqrt{6+2\sqrt{7}}$ のような式は簡約ができません．（もっとも，まれな場合には，$\sqrt{6+2\sqrt{7}}$ を上のような 2 つの式の和に変形することが効果をもつこともあるでしょう．）

◆ 整数部分，小数部分
平方根とは直接の関係はありませんが，ここでついでに，

実数の整数部分，小数部分の説明をしておきます．

一般に，x を 1 つの実数とするとき，x をこえない最大の整数を x の**整数部分**とよび，$[x]$ で表します．すなわち，$[x]$ は

$$n \leqq x < n+1 \text{ を満たす整数 } n$$

を表すのです．（ [ ] のような記号はいろいろな場合に用いられるので，今後この講義で $[x]$ と書いたらいつでも x の整数部分を表す，というわけには，たぶんいかないでしょう．読者はこの記号をみたときには前後の状況に注意してください．）このように，整数部分の意味に用いられる記号 [ ] を，**ガウスの記号**とよんでいます．

$x-[x]$ を x の**小数部分**といいます．

たとえば

$$\sqrt{2} = 1.4142\cdots \text{ の整数部分は } [\sqrt{2}] = 1$$
$$\text{小数部分は} \qquad 0.4142\cdots$$
$$\sqrt{3} = 1.7320\cdots \text{ の整数部分は } [\sqrt{3}] = 1$$
$$\text{小数部分は} \qquad 0.7320\cdots$$
$$\sqrt{4} = 2 \qquad \text{の整数部分は } [\sqrt{4}] = 2$$
$$\text{小数部分は} \qquad 0$$
$$\sqrt{5} = 2.2360\cdots \text{ の整数部分は } [\sqrt{5}] = 2$$
$$\text{小数部分は} \qquad 0.2360\cdots$$

などとなります．

一般に，x の小数部分は 0 以上で 1 より小さい実数です．すなわち，x の小数部分をかりに (x) という記号で表すことにすると，(x) は不等式 $0 \leqq (x) < 1$ を満たしています．

◆ 集合 $\{\sqrt{2}\,m+n \mid m, n \text{ は整数}\}$ の稠密性

この話も平方根に直接の関係はありません．以下で使うのは，ただ $\sqrt{2}$ が無理数であるという事実だけです．この話は少し——ある意味では，かなり——"高級"です．読者が，もしこれを読むのに苦労するようなら，読まないでもいっこうにかまいません．読者はこの部分をすっかり省略して，次の章に進んでもさしつかえないのです．あなたはこれを"本文"ではなく，"付録"あるいは"挿話"のように考えてください．私がこれをここに書くのは，端的にいえば，単純な計

算練習のみでこの節を終わらせたくないからです．単純な計算練習は，とくに頭脳を刺激するほどのものは与えません．私はこの節の最後にそれを与えようと思います．以下に述べることは，ある1つの原理——非常に簡単であって，しかも多くのところに応用されうる原理——にもとづいています．読者のほとんどはその原理を理解し，それに興味をいだかれるでしょう．また，おそらく，ほとんどではなく一部分（？）の方は，以下に記述されるすべてのことを理解しようと努力されるでしょう．私はそういう方の多いことを期待しています．

はじめに，記号のことを再言しておきましょう．すなわち，少し前に述べたように，以下では，実数 x の整数部分を記号 $[x]$ で，小数部分を記号 (x) で表します．

さて，いま $\sqrt{2}$ という1つの無理数を考えます．この数の整数倍，すなわち m を整数として $\sqrt{2}\,m$ と表される数を数直線上に目盛ると，それらは等間隔 $\sqrt{2}$ で左右に限りなく並びます．次に $\sqrt{2}\,m+1$ という数を考えると，これらの数は，$\sqrt{2}\,m$ を1だけ右にずらせた数として表されます．同様に，$\sqrt{2}\,m+2$ という数は，$\sqrt{2}\,m$ を2だけ右にずらせた数，また $\sqrt{2}\,m-1$ という数は，$\sqrt{2}\,m$ を1だけ左にずらせた数として表されます．

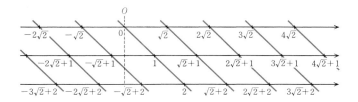

今，これらの数を全部数直線上に目盛ったとしたらどうでしょうか．すなわち，m, n を整数として $\sqrt{2}\,m+n$ の形に表される数のすべてを数直線上に目盛るのです．私がここで主張したいのは，そうすると，これらの数は<u>数直線上に稠密に分布する</u>ということです．私は前に，"有理数は数直線上に稠密に分布している"といいました．ここで $\sqrt{2}\,m+n$ が稠密に分布している，というのは，それと同じ意味です．すなわち，数直線上にどんなに短い線分を考えても，その上に必

ず $\sqrt{2}\,m+n$ という形の数が存在するのです．以下で私達が目標とするのは，この事実の証明です．

記述をはっきりさせるために，いま私達の考察の対象になっている数全体の集合を
$$A=\{\sqrt{2}\,m+n\mid m,n \text{ は整数}\}$$
とおきましょう．もちろん A は 0 を含みますが，$m\neq 0$ である限り，A の要素 $\sqrt{2}\,m+n$ は無理数です．（なぜですか？）

私はまず，次の命題を証明しようと思います．

N を任意に与えられた 1 つの自然数とする．このとき，絶対値が $\dfrac{1}{N}$ より小さい，0 でない A の要素が必ず存在する．すなわち
$$|\sqrt{2}\,m+n|<\frac{1}{N}$$
となるような，0 でない整数 m,n が存在する．

証明 上にいったように，私達は，実数 x の整数部分を $[x]$，小数部分を (x) で表します．そして，整数 k に対して $\sqrt{2}\,k$ の小数部分 $(\sqrt{2}\,k)$ を a_k と書くことにします．たとえば

$\sqrt{2}=1.4142\cdots$ ですから $a_1=(\sqrt{2})=0.4142\cdots$
$2\sqrt{2}=2.8284\cdots$ ですから $a_2=(2\sqrt{2})=0.8284\cdots$
$3\sqrt{2}=4.2426\cdots$ ですから $a_3=(3\sqrt{2})=0.2426\cdots$
$4\sqrt{2}=5.6568\cdots$ ですから $a_4=(4\sqrt{2})=0.6568\cdots$

などとなります．いま，左端を含み，右端を含まない，0 から 1 までの線分，すなわち $0\leq x<1$ を満たす実数 x 全体の集合を I とし，この線分 I を N 個に等分し，等分された長さ $\dfrac{1}{N}$ の小さい線分の，やはり左端の点を含み右端の点を含まないものを左から順に $I_1,I_2,I_3,\cdots,I_N$ とします．下の図は $N=8$ の場合を示しています．

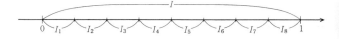

そこで，$a_0,a_1,a_2,\cdots,a_N$ という $N+1$ 個の数を考えます．$0\leq a_k<1$ ですから，これらはどれも上にいった線分 I に属しています．したがって，N 個の小さい線分 $I_1,I_2,I_3,\cdots,I_N$ のいずれかに分属します．ところが，

$N+1$ 個の数が N 個の小さい線分に分属するのですから，この $N+1$ 個の数 $a_0, a_1, a_2, \cdots, a_N$ のどれか少なくとも 2 つは同じ小線分に属していなければなりません！すなわち，$0 \leq i \leq N$，$0 \leq j \leq N$ を満たし，しかも $i \neq j$ であって，a_i と a_j が同じ小線分に属しているような整数 i と j が存在するのです．このところが議論の要点です！

さて a_i, a_j は長さが $\frac{1}{N}$ の同じ小線分に属しているのですから，この 2 点間の距離は $\frac{1}{N}$ より小さいことになります．すなわち

$$|a_i - a_j| < \frac{1}{N} \qquad \text{①}$$

です．ところで a_k というのは $\sqrt{2}\,k$ の小数部分 $(\sqrt{2}\,k)$ のことでした．すなわち

$$a_k = (\sqrt{2}\,k) = \sqrt{2}\,k - [\sqrt{2}\,k]$$

でした．それゆえ，上の ① の左辺の絶対値の中は

$$a_i - a_j = (\sqrt{2}\,i - [\sqrt{2}\,i]) - (\sqrt{2}\,j - [\sqrt{2}\,j])$$
$$= \sqrt{2}\,(i-j) + ([\sqrt{2}\,j] - [\sqrt{2}\,i])$$

となります．i, j は異なる整数ですから，$i-j=m$ とおけば，m は 0 でない整数です．また，ガウスの記号の意味から $[\sqrt{2}\,i]$, $[\sqrt{2}\,j]$ は整数ですから，$[\sqrt{2}\,j] - [\sqrt{2}\,i] = n$ とおけば，n も整数で，$a_i - a_j$ は

$$a_i - a_j = \sqrt{2}\,m + n$$

と表されます．これを ① の左辺に代入すれば

$$|\sqrt{2}\,m + n| < \frac{1}{N} \qquad \text{②}$$

これでたしかにわれわれの主張が証明されました！

事実上これで証明は終わっているのですが，念のために確認しておきたいことがあります．それは，上の ② を満たしている A の要素 $\sqrt{2}\,m+n$ を s とすると，すなわち

$$s = \sqrt{2}\,m + n$$

とおくと，s が 0 ではないということです．（もし $s=0$ だったら不等式 ② は全然つまらないものになってしまうでしょう．）実際，s は 0 ではありません．なぜなら，m が 0 でない整数だからです．皆さんはここで 15 ページの例題を思い出してください．その例題によれば，A の要素 $\sqrt{2}\,m+n$ が 0

になるのは,

$$m = n = 0$$

のときに限ります. そして, その証明の根拠になるのが,

<u>$\sqrt{2}$ は無理数である</u>

という事実だったのです!

　今の場合, m は 0 でない整数です. よって s はたしかに 0 ではありません.

　なおついでに思い出していただきたいと思うのですが, 私はこの命題を述べる少し前に, A の要素 $\sqrt{2}\,m+n$ は $m \neq 0$ である限り (0 でないばかりでなく) 無理数であるといい, その理由を読者にたずねました. 読者はここであらためてその理由を考えてください.

　もう 1 つつけ加えると, 不等式 ② を満たす $s=\sqrt{2}\,m+n$ において, n も 0 ではありません. なぜなら, もし $n=0$ であるとすると, ② の左辺は $|\sqrt{2}\,m|$ となって, m が 0 でない整数ですから, この値は $\sqrt{2}$ 以上になります. 一方, ② の右辺の $\dfrac{1}{N}$ は 1 以下です. これは矛盾です. よって n も 0 ではありません.

　さて, もう一度, 上の証明をふり返ってみましょう. その証明のキー・ポイントは, $N+1$ 個の数が N 個の線分に分属するならば, どれか少なくとも 2 つの数は同じ線分に属さなければならない, というところにありました. このことをもう少し日常的な, わかりやすいたとえで言ってみましょう.

　　　"ここに N 個の室をもつホテルがある. そのホテルに $N+1$ 人の旅客が宿泊するとする. そのときは, 少なくとも, ある 2 人が相部屋 (あいべや) にならなければならない."

実にみやすい, 簡単な原理です!　しかも, この簡単な原理が, 数学のいろいろなところで, しばしば基本的な役割を果たします. 私達はふつう, 上にいった原理を, ディリクレという数学者の名前を冠して

ディリクレの部屋割り論法

と呼んでいます.

　ところで, 話はまだ終わってはいません. 私達の最終目標は, 集合

$$A = \{\sqrt{2}\,m + n \mid m, n は整数\}$$
に属する要素が数直線上に稠密に分布している，ということの証明でした．そこで，いよいよ，この最終目標の証明にとりかかりましょう．

いま，PQ を数直線の任意に与えられた線分とします．$P = Q$ のときには，これは両端の重なった1点となって，これも線分と呼べないこともないでしょうが，もちろん私達はここではそのような場合は考えません．すなわち私達は $P \neq Q$ である線分 PQ を考えます．したがってそれは正の長さ l をもっています．私達が証明したいのは，この線分 PQ の上に（それがどんなに短いものであっても）必ず集合 A の要素が存在するという事実です．それを示すために，私達は次のように考えます．

自然数 N を限りなく大きくすると，$\dfrac{1}{N}$ は限りなく小さくなります．したがって，与えられた線分 PQ の長さ l がどれほど小さいものであったにしても，N を十分大きくすれば
$$\frac{1}{N} < l$$
が成り立ちます．いま，このような自然数 N を1つ固定しましょう．すると，上に証明された命題によって
$$|s| < \frac{1}{N}$$
となるような A の要素 $s = \sqrt{2}\,m + n$ が存在します．ここで s は正であるとしてもかまいません．なぜなら，一般に A の要素の符号を変えた数はまた A に属するからです．そこで，s のすべての整数倍 $0, s, -s, 2s, -2s, \cdots$ を数直線上に目盛ります．これらの s の整数倍はまたすべて A の要素であることに注意してください．実際，s はある整数 m, n によって $s = \sqrt{2}\,m + n$ と表されますから，任意の整数 k に対して
$$ks = \sqrt{2}\,km + kn$$
となり，したがって ks も A の要素です．

さて，s の整数倍は等間隔 s で左右に限りなく並びます．そして

$$0 < s < \frac{1}{N}, \qquad \frac{1}{N} < l$$

でした．ゆえに，線分 PQ は s の整数倍である点を少なくとも 1 つは含まなければなりません．これで，すべての証明が完了しました！

　もう一度，私達の最終結論をはっきり述べておきましょう．

m, n を整数とするとき，$\sqrt{2}\,m + n$ の形の数は数直線上に稠密に分布している．

　最後にもう 1 つ注意をつけ加えますが，上に述べたことの証明で，実は $\sqrt{2}$ については，それが "2 の正の平方根" であるというような性質は何も使っていないのです．私達が使ったのは "$\sqrt{2}$ が無理数である" という性質だけに過ぎません．（確認したい読者はもう一度証明を読み返してください．）したがって，$\sqrt{2}$ のかわりに他の任意の無理数 α を考えても，私達は同じ結果を得ることができます．すなわち，次の結論が得られます．

α を任意に与えられた 1 つの無理数とする．そのとき，集合 $\{\alpha m + n \mid m, n$ は整数$\}$ の要素は数直線上に稠密に分布している．

式も記号も，はた術語も，陳述の便宜のために約束された合言葉に過ぎなくて，もともと数学において本質的なものではない．数学において本質的なものは，数学的な物の見方，考え方である．

髙木貞治

2 文字と記号の活躍
——式の計算

2.1 整式

　第1章では意外に多くの紙数を費やしましたが，これから第2章にはいります．第1章が長くなったのは，私がふつうの教育課程では扱われないようないくつかの話題を取り入れたからです．数について語るべきことは，いっぱいあります．それらをどの程度，最初の段階で語るのが適当か？　これは難しい問題です．私は多少行き過ぎたかも知れません．とくに第1章の最後の部分は，多くの読者に困難を感じさせたでしょう．本当は，こういう話はもっとずっと先のほうで扱うのがよい，という考えに私も同意します．しかし，それはそれとして，私はやはり，この講義の冒頭の部分で，できれば読者にいくらかの刺激を与えたいと思い，ありきたりのつまらない記述だけにとどまることには満足できませんでした．これが第1章が長くなった理由です．

58 　2　文字と記号の活躍——式の計算

　第1章にくらべると，この第2章はずっと“平坦に”進む
でしょう．ここでは，文字を含む式と，それについての計算
が扱われます．それは——因数分解がある人々に刺激を与え
るであろうことを除けば——おそらく平凡で，“退屈”です．
私はこれを最小限必要な記述だけで切り上げたいと思ってい
ます．といって，読者は——未経験な人ならばなおさらのこ
と——，こうした基礎事項の習得をけっしておろそかにして
はいけません．たとえばキャッチボールの練習もしないでい
きなり野球の試合をすることはできないように，いろいろな
スポーツでは，じみで根気のいる基礎練習が必要だといわれ
ています．式の計算もこれと同様です．これは，これから数
学をやっていくための，いわば“基礎体力”づくりなのです．

◆　x の整式

　式の中で最も基本的なものは整式です．それは数の中で最
も基本的なものが整数であるということに相当しています．
　私はまず，1つの文字についての整式の話からはじめまし
ょう．
　1つの文字 x に対して，

$$2x, \quad -x^2, \quad 5x^3$$

のような式を，それぞれ，x の（あるいは，x についての）
1次，2次，3次の**単項式**といい，$2, -1, 5$ をそれぞれこれら
の単項式の**係数**とよびます．単項式の**次数**は，それに含まれ
ている文字の累乗の指数です．
　5とか -8 などの個々の数も単項式と考えることがありま
す．数を単項式と考えるときには，係数はその数自身で，次
数は0です．（もっとも今いったことについては少し微妙な
問題があるのですが，そのことについては後に述べましょ
う．）
　$3x^2+4x-6$ という式は，3つの単項式 $3x^2, 4x, -6$ の和

$$3x^2+4x+(-6)$$

を表しています．このように，x のいくつかの単項式の和と
して表される式を，x の（あるいは，x についての）**多項式**
とよび，多項式を構成するおのおのの単項式をその多項式の**項**
とよびます．多項式 $3x^2+4x-6$ の項は $3x^2, 4x, -6$ です．
くわしくは，$3x^2$ を x^2 の項または2次の項，$4x$ を x の項ま

たは 1 次の項といい，-6 を**定数項**といいます．すなわち，
定数項というのは，文字 x を含んでいない項です．

　単項式と多項式とを合わせて**整式**といいます．

　もっとも，多項式といっても，必ず 2 つ以上の項を含んで
いなければならない，ということはありません．言葉に制約
されて，こういうきゅうくつなきまりをつくるのは全くおろ
かなことです．多項式のうちに単項式を含めても少しも不都
合はありません．むしろそのほうが都合がよいのです．この
ように多項式のうちに単項式も含めることにすると，多項式
と整式とは全く同じ意味の言葉になります．私達も以後，こ
の 2 つの言葉は区別せずに使います．

　x の整式において，その項の次数の最高のものを，その整
式の**次数**とよびます．次数が n の整式を **n 次式**といいます．
（ついでですが，次数についてはふつう，大きい，小さいとい
うかわりに，**高い**，**低い**という語が用いられます．）

　$3x^2+4x-6$ は x の 2 次式です．

　整式の間で加法，減法，乗法などの演算を行うと，次数の
同じ項がたくさん現れてきます．次数が同じ項を**同類項**とよ
びます．たとえば，ある整式の項の中に $2x^2$, $-5x^2$, $-4x^2$ の
ような同類項があるならば，それらを

$$2x^2-5x^2-4x^2 = (2-5-4)x^2 = -7x^2$$

と，1 つの項にまとめることができます．このように，同類
項をまとめることを，整式を**整理する**といいます．整式はい
つもそれを整理した形にしておかなければなりません．上に
定義した整式の次数という言葉も，もちろん整理された整式
に対して用いられるのです．たとえば，

$$4x^2-2x+5-4x^2+8x-7$$

のような整式は，整理すると $6x-2$ になりますから，（2 次式
ではなく）1 次式です．

　整式は，単に同類項を整理するだけでなく，次数の大きさ
の順に整然と書いたほうが取り扱いに便利です．たとえば，
$2x^3-7-x+x^2$ のように書くのがよくないことは，だれの目
にも明らかでしょう．これは

$$2x^3+x^2-x-7 \quad \text{または} \quad -7-x+x^2+2x^3$$

のように書くべきです．これは数学におけるモラルです！
上の，左の式のように，次数が高い項から順に並べることを

降べき(こうべき)**の順**に整理するといい，右の式のように，次数が低い項から順に並べることを**昇べき**(しょうべき)**の順**に整理するといいます．（降べきの順，昇べきの順には，まだ"べき"の語が残っています．しかし，古い地名や町名がどんどん消えて行くように，こういう言葉もやがては消え去る運命にあるのかも知れません．すでに今日の時点でも，いくつかの教科書からは，降べきの順，昇べきの順は姿を消しています．）

$5x-3, 2x+4, -x+9$ のような 1 次式は，一般には

$$ax+b$$

の形をしています．ここで a は x の係数，b は定数項をそれぞれ代表的に表す文字です．このように文字を使うと，同様にして，x の 2 次式，3 次式は，それぞれ一般に

$$ax^2+bx+c,$$
$$ax^3+bx^2+cx+d$$

と表されます．

ただし，たとえば ax^2+bx+c という式で，もし $a=0$ であると，この次数は 2 より小さくなってしまいますから，これが x の 2 次式であるというときには，a は 0 でない数を表しているとしなければなりません．今後私達はしばしば"x の 2 次式 ax^2+bx+c"のような表現をしますが，そのときはいつも $a \neq 0$ であると考えているのです．

◆ 2 文字以上についての整式

2 文字 x, y に対して，たとえば $4x^2y$ という式を，<u>x, y についての 3 次の単項式</u>といい，4 をその係数とよびます．また，文字 x に注目するときには，この式を

<u>x について 2 次，係数は $4y$</u>

であるといい，文字 y に注目するときには

<u>y について 1 次，係数は $4x^2$</u>

であるといいます．すなわち，2 文字 x, y を含む単項式では，両方の文字に注目するか，いずれか一方の文字のみに注目するかによって，係数や次数の意味が違ってくるのです．しかし，x, y という 2 文字を含む単項式を考えるとき，とくにことわらなければ，私達は両方の文字に注目しています．

単項式の和を<u>多項式</u>ということ，単項式と多項式とを合わ

せて<u>整式</u>ということ，多項式は整式と同じ意味にも用いられること，1つの整式の中に $4x^2y$，$-2x^2y$，$3x^2y$ のような<u>同類項</u>があるときは，それらが

$$4x^2y - 2x^2y + 3x^2y = (4-2+3)x^2y = 5x^2y$$

のように<u>整理</u>されること，整理された整式において，各項の次数の最高のものをその整式の<u>次数</u>とよぶことなど，すべて1つの文字の場合と同様です．

また，

　　　　$5x+3y$　　のような式は　　**1次の同次式**

　　　　$2x^2-3xy-y^2$　　のような式は　　**2次の同次式**

とよばれます．これらはそれぞれ，1次の項のみ，2次の項のみからできています．

係数に文字を用いれば，x, y の1次の同次式，2次の同次式は，それぞれ一般に

$$ax+by, \qquad ax^2+bxy+cy^2$$

のように表されます．

2文字 x, y についての1次式は，$x-3y+4$ のように，一般には

　　　　　　x の項，y の項，定数項

という3つの項をもっています．また x, y についての2次式は，$2x^2+xy-3y^2+4x+y+2$ のように，一般には

　　x^2 の項，xy の項，y^2 の項，x の項，y の項，定数項

という6つの項をもっています．すなわち，x, y についての2次式がもち得る最大の項数は6です．

係数に文字を用いることにすれば，x, y についての1次式は，一般に

$$ax+by+c$$

のように書くことができ，2次式は，一般に

$$ax^2+bxy+cy^2+dx+ey+f$$

のように書くことができます．ここで x, y 以外の文字は係数を代表的に表す文字として用いられています．

なお，たとえば $2x^2+xy-3y^2+4x+y+2$ のような2次式——これはすぐ上に書いた2次式です——を，文字 x に注目して，x について整理すると，

$$2x^2+(y+4)x-(3y^2-y-2)$$

のように整理することができます．この場合には，xy と $4x$

とは同類項となって $(y+4)x$ と整理され，x^2 の係数は 2，x の係数は $y+4$ となり，また $-(3y^2-y-2)$ が定数項となるのです．場合によっては，このように1つの文字について整理することが，問題の解決に有効なはたらきを示すことがあります．

3文字以上の単項式，多項式，整式，次数，同次式などの概念について，くわしい説明をくり返すことは，もはや必要ないでしょう．たとえば，

$$x^2+y^2+z^2-xy-yz-zx$$

は，x,y,z についての2次の同次式です．式の書き方などについての一種のきまり，あるいはエチケットのようなものは，読者は今後の実践を通じて，自然に身に着けていかれるだろうと思います．

問 1 (1) 係数に文字を使って，x,y についての3次の同次式の一般の形を書いてください．

(2) x,y についての3次式は最大の場合に何個の項をもちますか．

問 2 x,y,z についての2次式は最大の場合に何個の項をもちますか．

上では，x についての整式，x,y についての整式，のように，整式をつくる文字としてアルファベットの終わりのほうの文字を用い，a,b,c のようなアルファベットの始めのほうの文字は係数を一般的に代表する文字という意味で使いました．これは実際，数学でふつうに行われている文字の使い方です．しかし，もちろん，いつもこうした意味に文字が使われるとは限りません．a,b などの文字だけで作られた式では，それらの文字が x,y などと同様の役割を演じます．

たとえば，a^2+2a-3 は a の2次式です．

$a+2b$ は a,b についての1次の同次式です．

また，m^2-mn+n^2 は m,n についての2次の同次式です．

◈ 整式の加法・減法

整式の加法や減法はきわめて単純な計算です．事実上，この種の計算は本書でもすでにこれまでにやっています．

例　$A = 4x^3 - 2x^2 + 5$, $B = 2x^3 + 6x^2 - 5x - 8$ とすると，

$$A + B = (4x^3 - 2x^2 + 5) + (2x^3 + 6x^2 - 5x - 8)$$
$$= (4+2)x^3 + (-2+6)x^2 - 5x + (5-8)$$
$$= 6x^3 + 4x^2 - 5x - 3$$
$$A - B = (4x^3 - 2x^2 + 5) - (2x^3 + 6x^2 - 5x - 8)$$
$$= (4-2)x^3 + (-2-6)x^2 + 5x + (5+8)$$
$$= 2x^3 - 8x^2 + 5x + 13$$

こうした計算は，上のように長々と書くよりも，同類項を縦に並べて下のように行うのがふつうで，かつ簡単です．

$$
\begin{array}{r}
4x^3 - 2x^2 \quad\quad + 5 \\
+)\,\underline{2x^3 + 6x^2 - 5x - 8} \\
6x^3 + 4x^2 - 5x - 3
\end{array}
\qquad
\begin{array}{r}
4x^3 - 2x^2 \quad\quad + 5 \\
-)\,\underline{2x^3 + 6x^2 - 5x - 8} \\
2x^3 - 8x^2 + 5x + 13
\end{array}
$$

なお，ついでに注意しておきますが，こうした計算では，2つの整式を――もし最初に与えられた形がそうなっていないのであれば――ともに降べきの順または昇べきの順に整理しておくことがきわめてたいせつです．

問 3
次の整式 A, B について，$A+B$, $A-B$ を求めてください．答は降べきの順に整理した形に書いてください．

(1)　$A = x^3 - 2x^2 - 7$, 　$B = 1 - 5x - x^2 + 8x^3$

(2)　$A = 6y + 5 - 2y^3 - 5y^2$, 　$B = 4y^2 + 9y - 6y^3 - 7$

◆ 整式の乗法

整式の乗法も原理的には簡単な計算です．ここでは，指数法則 $x^m x^n = x^{m+n}$ と，分配法則

$$A(B+C) = AB + AC, \qquad (A+B)C = AC + BC$$

とが主要な役割を演じます．

例　$(x^3 - 6x + 2)(2x - 5)$ を計算してみましょう．

$$(x^3 - 6x + 2)(2x - 5)$$
$$= (x^3 - 6x + 2)(2x) + (x^3 - 6x + 2)(-5)$$
$$= 2x^4 - 12x^2 + 4x - 5x^3 + 30x - 10$$
$$= 2x^4 - 5x^3 - 12x^2 + 34x - 10$$

この計算もふつうは次ページのような形式でやります．（もちろん実際の計算では，右側に付記したカコミの中の部分は書く必要はありません．）

64　　② 文字と記号の活躍——式の計算

$$
\begin{array}{r}
x^3 \qquad -6x \quad +2 \\
\times)\ 2x\ -5 \qquad\qquad\quad \\
\hline
2x^4 \qquad -12x^2+4x \\
-5x^3 \qquad +30x-10 \\
\hline
2x^4-5x^3-12x^2+34x-10
\end{array}
$$

$\cdots(x^3-6x+2)(2x)$
$\cdots(x^3-6x+2)(-5)$

　こういう計算でも，両方の式をともに降べきの順に整理しておくことがたいせつです．また，この例では，x^3-6x+2 は x^2 の項が欠けていますが，上の計算で私はその欠けている項の部分を<u>わざと空白にしておきました</u>．そうしたほうが，同類項(次数の同じ項)が縦にきちんとそろって計算がしやすいからです．

問 4　次の積を計算してください．
(1)　$(2x^2-5x+1)(x-4)$　　(2)　$(x^2-3x+5)(x^2+4x-3)$
(3)　$(3a+4)(2a^2-a^3-1)$　　(4)　$(x^3-3-2x^2)(4x+x^2-6)$

　上の例や問でわかるように，一般に
$$
m \text{ 次式と } n \text{ 次式の積は}(m+n)\text{次式}
$$
になります．

◆　展開公式

　整式の積の形の式を単項式の和の形に表すことを，もとの式を**展開する**といいます．たとえば，$(a+b)^2$ を展開すると
$$
\begin{aligned}
(a+b)^2 &= (a+b)(a+b) \\
&= (a+b)a+(a+b)b \\
&= a^2+ab+ab+b^2 = a^2+2ab+b^2
\end{aligned}
$$
となります．この展開式はきわめて重要です．なぜなら，これは数学のあらゆる場所でひんぱんに出現するからです．したがって，こういう展開式は<u>公式として</u>はっきり記憶する必要があります．このように，<u>記憶すべき展開式</u>，それが**展開公式**です．

　上に書いた，和の平方の公式
$$
(a+b)^2 = a^2+2ab+b^2
$$
は，すでに前章でも使いました．事実上，私は読者がこの公式をよく知っているばかりでなく，その使用にもかなり経験を積んでいると思いますが，もし，まだあまり習熟していない読者があったとしたら，私はそのような読者には，この公

式を

"a プラス b の 2 乗イコール

a 2 乗プラス $2ab$ プラス b 2 乗"

と声に出して読み，それを少なくとも 10 回くり返すことを
要求します．以下の他の公式についても同様です．

さて次に，基本的な展開公式を列挙しましょう．これらの
うち，読者が直ちに検証し得ると思われるものについては，
私はとくに証明を述べません．ただ，簡単な例と問を提供す
るだけにとどめます．

[1]　$(a+b)^2 = a^2 + 2ab + b^2$　和の平方

[2]　$(a-b)^2 = a^2 - 2ab + b^2$　差の平方

[3]　$(a+b)(a-b) = a^2 - b^2$　和と差の積

[4]　$(x+p)(x+q) = x^2 + (p+q)x + pq$

[5]　$(ax+b)(cx+d) = acx^2 + (ad+bc)x + bd$

例　(1)　$(2a+5)^2 = (2a)^2 + 2 \cdot (2a) \cdot 5 + 5^2 = 4a^2 + 20a + 25$

(2)　$(p-3q)^2 = p^2 - 2p(3q) + (3q)^2 = p^2 - 6pq + 9q^2$

(3)　$(x+2y)(x-2y) = x^2 - (2y)^2 = x^2 - 4y^2$

例　(1)　$(x-4)(x+6) = x^2 + (-4+6)x + (-4) \cdot 6$

$\qquad\qquad = x^2 + 2x - 24$

(2)　$(7x+2)(3x-4)$

$\qquad = 7 \cdot 3x^2 + \{7 \cdot (-4) + 2 \cdot 3\}x + 2 \cdot (-4)$

$\qquad = 21x^2 - 22x - 8$

問 5　公式を使って，次の式を展開してください．

(1)　$(3x+5y)^2$　　　　(2)　$(4a-7b)^2$

(3)　$\left(x+\dfrac{y}{2}\right)\left(x-\dfrac{y}{2}\right)$　　(4)　$(x+7)(x-4)$

(5)　$(6x-5)(3x+2)$　　(6)　$(2a-3b)(5a-b)$

例題　連続する 2 つの整数の一方は偶数です．このこ
とと，和の平方の公式を用いて，奇数の 2 乗を 8 で割れ
ば 1 余ることを証明してください．

証明　n を奇数とすれば，n はある整数 k を用いて

$$n = 2k+1$$

と表されます．

66   ② 文字と記号の活躍——式の計算

したがって
$$n^2 = (2k+1)^2 = (2k)^2 + 2 \cdot 2k \cdot 1 + 1^2$$
$$= 4k^2 + 4k + 1$$
$$= 4k(k+1) + 1$$

となります．$k, k+1$ の一方は偶数ですから，$k(k+1)$ は 2 の倍数，したがって $4k(k+1)$ は $4 \cdot 2 = 8$ の倍数です．ゆえに，n^2 を 8 で割ると 1 だけ余ります．

問 6　n を 3 の倍数でない整数とします．n の平方 n^2 を 3 で割れば 1 余ることを証明してください．［ヒント：n は 3 の倍数ではないから，3 で割ると 1 余るか，または 2 余るかのいずれかです．よって，n はある整数 k を用いて $n = 3k+1$ または $n = 3k+2$ と表されます．］

例題　$(a+b+c)^2$ を展開してください．
　解　$(a+b+c)^2 = \{(a+b)+c\}^2$
$$= (a+b)^2 + 2(a+b)c + c^2$$
$$= a^2 + 2ab + b^2 + 2ac + 2bc + c^2$$
$$= a^2 + b^2 + c^2 + 2ab + 2bc + 2ca$$

この例題の結果によれば
$$(a+b+c)^2 = a^2 + b^2 + c^2 + 2ab + 2bc + 2ca$$
です．できれば，これも読者は公式として記憶しておかれるとよいでしょう．

問 7　次の式を展開してください．
　(1)　$(a-2b+c)^2$　　(2)　$(x+2y-3)^2$
（展開式の項はみやすい順序に書いてください．）

---

[6]　$(a+b)^3 = a^3 + 3a^2b + 3ab^2 + b^3$　　和の立方

[7]　$(a-b)^3 = a^3 - 3a^2b + 3ab^2 - b^3$　　差の立方

[8]　$(a+b)(a^2-ab+b^2) = a^3 + b^3$

[9]　$(a-b)(a^2+ab+b^2) = a^3 - b^3$

$$\begin{array}{r} a^2 + 2ab + b^2 \\ \times)\ a + b \\ \hline a^3 + 2a^2b + ab^2 \\ a^2b + 2ab^2 + b^3 \\ \hline a^3 + 3a^2b + 3ab^2 + b^3 \end{array}$$

例題　公式 [6] を確かめてください．
　解　$(a+b)^3 = (a+b)^2(a+b)$
$$= (a^2 + 2ab + b^2)(a+b)$$
$$= a^3 + 3a^2b + 3ab^2 + b^3$$

公式 [7] も全く同様にして確かめることができます.（読者がそれを実行されることを望みます.）これらの公式 [6]，[7] はきわめて著名な平方公式 [1]，[2] の延長線上にあるものです．これらは，さらに $(a+b)^4$, $(a+b)^5$, $\cdots$, $(a+b)^n$, $\cdots$ の展開式として，後に完全に一般化されます.

[8]，[9] ははたしてこれを展開公式とよんでよいか，私は少し疑問に思います．実際にこれらの式が"展開"の目的のために利用されることは，あまりありそうに思えないからです．これらの式は，実際には，次の節にみるように，右辺と左辺を入れかえた因数分解の公式として利用されるというべきでしょう．念のために，[8] を確かめる計算を右に書いておきました.

$$\begin{array}{r} a^2 - ab + b^2 \\ \times)\ a + b \\ \hline a^3 - a^2 b + ab^2 \\ a^2 b - ab^2 + b^3 \\ \hline a^3 \qquad\qquad + b^3 \end{array}$$

問 8 公式 [6]，[7] を用いて，次の式を展開してください.
 (1) $(x+2)^3$ (2) $(2a-3b)^3$

以上に挙げた展開公式のうち，[1] と [2]，[6] と [7]，[8] と [9] はそれぞれ対（つい）をなしています．この [1] と [2] や，[8] と [9] を，それぞれまとめて，次のように書くことができます.

$$(a \pm b)^2 = a^2 \pm 2ab + b^2$$
$$(a \pm b)(a^2 \mp ab + b^2) = a^3 \pm b^3$$

記号 ± や ∓ を**複号**といいます．これらの等式は，その中の複号の上のほうの符号を同時にとったとき，および下のほうの符号を同時にとったときに，それぞれ正しい等式となるということを意味しているのです．このことをはっきり示すために，等式のあとに<u>複号同順</u>というただし書きを添えることもあります.

2.2　因数分解

上にみたように，整式の和，差，積はまた整式です．すなわち，整式の間では加法，減法，乗法が自由に行われます．しかし，除法は自由にはできません．すなわち，A, B を 2 つの整式とするとき，

$$A = BQ$$

68 ② 文字と記号の活躍——式の計算

となるような整式 Q が存在するとは限りません．それは，整数の間で除法が自由にはできないのと同じです．

整式 A, B に対して $A = BQ$ となる整式 Q が存在するとき，B を A の**約数**または**因数**，A を B の**倍数**といいます．（"式"ですから本当は"約式"，"倍式"というべきかも知れませんが，慣習的にやはり約数，倍数という言葉が用いられています．）

与えられた整式を，いくつかの因数の積の形に表すことを，その整式の**因数分解**といいます．すなわち，因数分解は展開の逆の操作です．したがって前節に挙げた展開公式 **[1]**—**[9]** は，その右辺と左辺を入れかえれば，すべて因数分解の公式ともなっています．

◆ **共通因数をくくり出すこと**

例　(1)　$ab - ac + ad = a(b - c + d)$

(2)　$x(3y - 5) - 2(5 - 3y) = x(3y - 5) + 2(3y - 5)$
$$= (x + 2)(3y - 5)$$

問 9　次の式を因数分解してください．

(1)　$2a^2b - 3ab^2$　　　　(2)　$2x(x - 4) + 3(4 - x)$

(3)　$ab - 4a + 3b - 12$　　(4)　$x^2 - ax - bx + ab$

◆ **公式 [1]，[2]，[3] の応用**

[1]　$a^2 + 2ab + b^2 = (a + b)^2$

[2]　$a^2 - 2ab + b^2 = (a - b)^2$

[3]　$a^2 - b^2 = (a + b)(a - b)$

例　(1)　$x^2 + 10x + 25 = x^2 + 2 \cdot 5 \cdot x + 5^2 = (x + 5)^2$

(2)　$16a^2 - 24ab + 9b^2 = (4a)^2 - 2 \cdot 4a \cdot 3b + (3b)^2$
$$= (4a - 3b)^2$$

(3)　$a^2b^2 - \dfrac{1}{9} = (ab)^2 - \left(\dfrac{1}{3}\right)^2 = \left(ab + \dfrac{1}{3}\right)\left(ab - \dfrac{1}{3}\right)$

(4)　$2(ad + bc) + a^2 - b^2 - c^2 + d^2$
$$= (a^2 + 2ad + d^2) - (b^2 - 2bc + c^2)$$
$$= (a + d)^2 - (b - c)^2$$
$$= \{(a + d) + (b - c)\}\{(a + d) - (b - c)\}$$
$$= (a + b - c + d)(a - b + c + d)$$

問 10 次の式を因数分解してください．
(1) $25x^2-20x+4$ (2) $4a^2+12a+9$
(3) $36-9a^2$ (4) $x^2y^2-x^2-y^2+1$
(5) a^4-b^4 (6) $(a^2+b^2-c^2)^2-4a^2b^2$

◆ 公式 [4], [5] の応用
[4] $\boldsymbol{x^2+(p+q)x+pq=(x+p)(x+q)}$
[5] $\boldsymbol{acx^2+(ad+bc)x+bd=(ax+b)(cx+d)}$

例 (1) $x^2-9x+20 = x^2-(4+5)x+4\cdot 5$
$= (x-4)(x-5)$
(2) $3x^2-13x-10$ の因数分解．
公式 [5] を利用するために
$$ac = 3, \quad bd = -10$$
を満たす a, b, c, d のうち
$$ad+bc = -13$$
となるものを求めます．

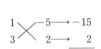

右の図式によって
$$a = 1, \quad b = -5$$
$$c = 3, \quad d = 2$$
はわれわれの要求を満たしています．したがって
$$3x^2-13x-10 = (x-5)(3x+2)$$
(右のような図式を**たすき掛けの図式**といいます．)
(3) $48x^2+22xy-15y^2$ の因数分解．
x についての 2 次式と考え，(2) と同じように
$$ac = 48, \quad bd = -15y^2$$
を満たす a, b, c, d のうち
$$ad+bc = 22y$$
となるものをみいだします．
すると，右の図式から
$$48x^2+22xy-15y^2 = (6x+5y)(8x-3y)$$

問 11 次の式を因数分解してください．
(1) $x^2+9x+14$ (2) $x^2+3x-28$
(3) $2x^2-13x+6$ (4) $12x^2+25x+12$
(5) $3a^2-7ab-10b^2$ (6) $16x^2+22xy-45y^2$

70   2 文字と記号の活躍——式の計算

◆ **公式 [8]，[9] の応用**

[8] $a^3+b^3 = (a+b)(a^2-ab+b^2)$

[9] $a^3-b^3 = (a-b)(a^2+ab+b^2)$

例 (1) $x^3+8 = x^3+2^3 = (x+2)(x^2-2x+4)$

(2) $27a^3-8b^3 = (3a)^3-(2b)^3$
$$= (3a-2b)\{(3a)^2+(3a)(2b)+(2b)^2\}$$
$$= (3a-2b)(9a^2+6ab+4b^2)$$

問12 次の式を因数分解してください．

(1) $27x^3-1$ (2) $64x^3+125$ (3) $8a^3-125b^3$

◆ **その他の因数分解**

ここでは少し工夫のいるいくつかの因数分解を扱います．

例 x^4-13x^2+36 の因数分解．

$x^2=X$ とおくと
$$x^4-13x^2+36 = X^2-13X+36$$
$$= (X-4)(X-9)$$
$$= (x^2-4)(x^2-9)$$
$$= (x+2)(x-2)(x+3)(x-3)$$

例 $(x^2+2x+6)(x^2+2x+12)-280$ の因数分解．

$x^2+2x=X$ とおくと
$$(x^2+2x+6)(x^2+2x+12)-280$$
$$= (X+6)(X+12)-280$$
$$= X^2+18X-208$$
$$= (X-8)(X+26)$$
$$= (x^2+2x-8)(x^2+2x+26)$$
$$= (x-2)(x+4)(x^2+2x+26)$$

例 $2x^2+xy-3y^2+4x+y+2$ の因数分解．

この式を x についての2次式とみて降べきの順に整理すると
$$2x^2+(y+4)x-(3y^2-y-2)$$

となり，定数項にあたる $-(3y^2-y-2)$ の部分は
$$-(3y^2-y-2) = -(y-1)(3y+2)$$

と因数分解されます．すなわち，与えられた式は
$$2x^2+(y+4)x-(y-1)(3y+2)$$

となります．そこで，右の図式のように考えて，公式 **[5]** を用いると，次の結果が得られます．

$$2x^2+(y+4)x-(y-1)(3y+2)$$
$$= \{x-(y-1)\}\{2x+(3y+2)\}$$
$$= (x-y+1)(2x+3y+2)$$

$$
\begin{array}{l}
1 \diagdown \ -(y-1) \longrightarrow -2y+2 \\
2 \diagup 3y+2 \ \longrightarrow \ \underline{3y+2} \\
 y+4
\end{array}
$$

例 $a^2(b-c)+b^2(c-a)+c^2(a-b)$ の因数分解．

a について降べきの順に整理すると

$$a^2(b-c)+b^2(c-a)+c^2(a-b)$$
$$= (b-c)a^2-(b^2-c^2)a+(b^2c-bc^2)$$
$$= (b-c)a^2-(b-c)(b+c)a+bc(b-c)$$
$$= (b-c)\{a^2-(b+c)a+bc\}$$
$$= (b-c)(a-b)(a-c)$$

上の 2 つの例のように，ある 1 つの文字に着目して整理すると，因数分解について有力な見通しが得られる場合があります．以下の例はもっと特殊で，技巧的です．

例 $a^4+a^2b^2+b^4$ の因数分解．

a^2b^2 を $2a^2b^2$ と $-a^2b^2$ に分けると，次のように公式 **[1]** および **[3]** を用いることができます．

$$a^4+a^2b^2+b^4 = (a^4+2a^2b^2+b^4)-a^2b^2$$
$$= (a^2+b^2)^2-(ab)^2$$
$$= (a^2+ab+b^2)(a^2-ab+b^2)$$

例 x^4+2x^2+9 の因数分解．

前の例と同様に，$2x^2$ を $6x^2$ と $-4x^2$ に分けると

$$x^4+2x^2+9 = (x^4+6x^2+9)-4x^2$$
$$= (x^2+3)^2-(2x)^2$$
$$= (x^2+2x+3)(x^2-2x+3)$$

例 $a^3+b^3+c^3-3abc$ の因数分解．

和の立方公式 **[6]** により $(a+b)^3=a^3+3a^2b+3ab^2+b^3$ ですから，

$$a^3+b^3 = (a+b)^3-3a^2b-3ab^2$$

したがって

$$a^3+b^3+c^3-3abc$$
$$= \underline{(a+b)^3+c^3}-3a^2b-3ab^2-3abc$$

となります．そこで右辺の下線の部分に因数分解の公式 **[8]** を用いれば，

72　② 文字と記号の活躍——式の計算

$$a^3+b^3+c^3-3abc$$
$$= \{(a+b)+c\}\{(a+b)^2-(a+b)c+c^2\}$$
$$\qquad -3ab(a+b+c)$$
$$= (a+b+c)(a^2+2ab+b^2-ac-bc+c^2-3ab)$$
$$= (a+b+c)(a^2+b^2+c^2-bc-ca-ab)$$

　この最後の例は，中等数学における因数分解のたぶんクライマックスです．記念のために，それを太字で書いておきましょう．

$$\boldsymbol{a^3+b^3+c^3-3abc}$$
$$= \boldsymbol{(a+b+c)(a^2+b^2+c^2-bc-ca-ab)}$$

問13　次の式を因数分解してください．

(1)　x^2-x-y^2-y　　　　　(2)　$a^2-c^2+ab-bc$

(3)　$(x-y)(x-y+5)+6$　　(4)　x^3-x^2y-x+y

(5)　x^4-2x^2+1　　　　　　(6)　$x^4-26x^2y^2+25y^4$

(7)　a^4+a^2-20　　　　　　(8)　a^4-16b^4

(9)　$16x^4-81y^4$　　　　　　(10)　$x^4+x^2y^2-2y^4$

(11)　$(x^2+4x)^2-8(x^2+4x)-48$

(12)　$2x^2+3xy-2y^2-4x+7y-6$

(13)　$x^2-xy-6y^2-x+23y-20$

(14)　$2x^2+xy-x-2y-6$

(15)　$a^2+(2b-3)a-(3b^2+b-2)$

(16)　a^4+4　　　　　　　(17)　x^4+x^2+1

(18)　$(a+b+c+1)(a+1)+bc$

(19)　$x^3+y^3+1-3xy$

(20)　$(a-b)^3+(b-c)^3+(c-a)^3$

◆　既約式と可約式

　私達はこれまで，整式の"有理数の範囲における因数分解"を考えてきました．このことは今までとくに明示的には述べませんでしたが，読者はおそらく<u>自然に</u>因数分解をそのようなものとして理解しておられたのではないかと思います．ただし，"有理数の範囲における因数分解"とは何か？　その意味を明確にしておく必要があるでしょう．

　それは正確にいえば"有理数を係数とする整式の範囲内だけで考える因数分解"のことを意味しています．通常，私達は，整式の因数分解といえば，このような"有理数の範囲に

2.2 因数分解   73

おける因数分解"を考えます．これからも私達はしばらく，
因数分解をこのような意味のものとして理解しておくことに
しましょう．

ところで，整式の因数分解を考えるとき，これも私達は<u>自</u>
<u>然な心</u>のはたらきによって，因数がどれも1次以上であるこ
と，すなわち文字を実際に含んでいることを要求しています．
したがって当然，

$$2x-4, \quad 3x+1, \quad a+5b$$

のような1次式は因数分解できません．（たとえば $2x-4$ は
$2x-4=2(x-2)$ と"分解"できますが，このようなものは，
ふつう"因数分解"とはいいません．すなわち，"数因数をく
くり出す"だけのことは，私達は因数分解とはみなさないの
です．）2次式でも，たとえば

$$x^2+1, \quad x^2-2, \quad a^2-ab+b^2$$

のようなものは，どれも因数分解できません．

一般に，1次以上の整式であって，因数分解できないもの
は**既約**であるといい，因数分解できるものは**可約**であるとい
います．既約式，可約式の概念は，それぞれ，整数の世界に
おける"素数"，"合成数"の概念に相当しています．2以上の
任意の自然数が素数の積として表されるように，1次以上の
任意の整式，すなわち定数でない任意の整式は，既約な整式
の積として表すことができます．ふつう"整式を因数分解せ
よ"という問題では，このように，各因数が既約となるまで
分解を行うことが要求されているのです．しかし，任意の整
式が既約式の積として表されるということがら自身はそれほ
ど困難なく証明できるのですが——もっとも本書ではその証
明は述べません——，実際に与えられた1つの整式を因数分
解するという具体的な問題は，通常すこぶる困難です．私達
が前に挙げたいくつかの公式を利用して，うまく問題を解決
し得るのは，公平にいえば，ごく幸運な場合に限られている
といってもよいでしょう．

もう少し具体的にいうと，たとえば，ただ1つの文字 x の
みを含む整式の場合においてさえ，ある程度次数が大きくな
ると，それが既約であるかどうか，因数分解できるとすれば
どう因数分解できるかという問題は，通常簡単には解決でき
ません．ただし，2次式については，それが既約であるか可

約であるかの判定は簡単です．すなわち，a, b, c が<u>整数</u>であるとき，2次式 ax^2+bx+c は

$\qquad b^2-4ac$ が平方数でなければ既約，

$\qquad b^2-4ac$ が平方数ならば　　可約

です．ただし，平方数というのは，ある整数の平方であるような整数のことです．皆さんは，次の章でこの結論の正当性をみることができるでしょう．さらにまた，皆さんは次の章で，3次以上の整式に対しても，それを因数分解するための1つの有力な手法をみいだすことになるでしょう．

最後にもう一度くり返して注意を喚起しておきたいと思いますが，上に整式が"既約"であるとか"可約"であるとかいってきたのは，つねに"有理数の範囲"のことでした．しかし，たとえば x^2-2 は有理数の範囲では既約ですが，もし係数に無理数がはいってくることを許して"実数の範囲"で考えると

$$x^2-2 = x^2-(\sqrt{2})^2 = (x+\sqrt{2})(x-\sqrt{2})$$

と因数分解できますから，可約となります．すなわち，

<u>　　整式が既約であるか可約であるかは，どの</u>

<u>　　ような数の範囲で考えているかに依存する</u>

のです！　読者はこのことをしっかり心にとめておいてください．

2.3　整式の除法と分数式

◉　整式の除法

すでに述べたように，整式の間では除法は自由にはできません．しかし，<u>1つの文字 x についての整式</u>だけにかぎっていうと，もっと広い意味の除法，すなわち"商と余りを求める演算"としての除法ならば，することができます．それはちょうど整数の間でそのような演算ができたのと同様です．そしてまた，その演算のやり方も，私達がよく知っている整数の割り算の場合と同じです．

一例として，整式 $A=2x^3-10x+9$ を整式 $B=x^2+2x-3$ で割る割り算をやってみましょう．

その計算は次の通りです．

$$
\begin{array}{r}
2x\ -4 \\
B\cdots x^2+2x-3\,)\overline{\,2x^3-10x+\ 9\,} \quad \cdots A\\
\underline{2x^3+4x^2-\ 6x} \quad \cdots\cdots\cdots B\times 2x\\
-4x^2-\ 4x \quad \cdots A-B\times 2x\\
\underline{-4x^2-\ 8x+12} \quad \cdots\cdots\cdots\cdots\cdots B\times(-4)\\
4x-\ 3 \quad \cdots A-B\times 2x-B\times(-4)
\end{array}
$$

ここで $4x-3$ は B より次数が低いから,これ以上計算を続けることはできません.

上の計算からわかるように

$$A-B\times 2x-B\times(-4)=A-B\times(2x-4)=4x-3,$$

すなわち

$$A=B\times(2x-4)+(4x-3)$$

が成り立ちます.

この $Q=2x-4$ と $R=4x-3$ が,それぞれ A を B で割ったときの**商**と**余り**です.余りを**剰余**ともいうことは前にもいいました.

一般に,x についての整式 A,B に対して,A を B で割ったときの商を Q,余りを R とすれば,次のことが成り立ちます.

$$\boxed{\ \boldsymbol{A=BQ+R,\quad R \text{ の次数}<B \text{ の次数}}\ }$$

とくに $R=0$ となるとき,A は B で**割り切れる**といいます.それは A が B の倍数,B が A の約数であることと同じです.

問14 次の割り算を行って,商と余りを求めてください.

(1) $(3x^2+2x+1)\div(3x-4)$

(2) $(x^3-x+6)\div(x+2)$

(3) $(6x^3-11x^2+10x-5)\div(x^2-x+2)$

(4) $(x^4-10x^2+5)\div(x^2+3x+1)$

(5) $(4a^5-9a^3-2a-8)\div(2a^2-a-4)$

問15 2種類以上の文字を含む整式についても,そのうちの1つの文字に着目すれば,上と同様の計算を行うことができます.次の各整式を a についての整式と考えて割り算し,どれも割り切れることを確かめてください.

(1) $(a^3-b^3)\div(a^2+ab+b^2)$

(2) $(a^4-b^4)\div(a-b)$

(3) $(a^3+b^3+c^3-3abc)\div(a+b+c)$

念のために，ここでひとこと，ちょっとした注意を書き加えておきましょう．これはごくつまらないことで，私がこんなことを書かなければ，読者は気がつきさえしなかったろうと思います．（実際，気がつく必要もないようなことですが，記述を正確にするために一応書いておくわけです．）私は前に，数を x の整式と考えるときには，その次数は 0 とする，といいました．いま，割り算の定理で整式 B を数 1 とすると，もちろん整式 A は $B=1$ で割り切れて余り R は 0 となります．しかし，上の約束では 1 も 0 も次数は 0 なのですから，

"R の次数 $<$ B の次数"

のところが

"$0 < 0$"

となります．これは少し具合が悪い！　実際，定数——ついでですが，数を整式として考えるとき，私達はそれを**定数**とよぶのです——の中でも，0 だけは特別で，その次数を 0 と考えると具合が悪いのです．

　もう 1 つ，定数 0 の次数を 0 とするのが不都合である理由をいいましょう．定義によって，たとえば

$$ax^3 + bx^2 + cx + d \text{ は } \quad a \neq 0 \text{ のとき } \quad 3 \text{ 次式}$$
$$ax^2 + bx + c \text{ は } \quad a \neq 0 \text{ のとき } \quad 2 \text{ 次式}$$
$$ax + b \text{ は } \quad a \neq 0 \text{ のとき } \quad 1 \text{ 次式}$$

でした．この方向を押し進めると，定数 a は "$a \neq 0$ のとき 0 次式" と考えるのが自然だということになります．すなわち，0 次式というのは 0 以外の定数とすべきなのです．定数 0 だけは 0 次式の仲間から除外しておかなければなりません．

　それでは，定数 0 の次数は何と定義したらよいか．これはちょっと厄介な問題です．もちろん数学者達は，適当な方法によって技巧的に処理しています．さしあたり私は，定数 0 の次数はとくに定めないでおきましょう．そして（とくに定めないにもかかわらず）定数 0 の次数は他のどんな整式の次数（すなわち $0, 1, 2, 3, \cdots$）よりも小さいとしておきましょう．そうすれば，割り算の定理で "R の次数$<$$B$ の次数" という不等式は，いつも安心して成り立つということができます．またたとえば，"2 次以下の任意の整式 A に対して" というような表現については，その A の中に定数 0 も含めて考えることができます．

2.3 整式の除法と分数式 77

◈ **整式の最大公約数と最小公倍数**

整数のときと同様に，いくつかの整式に共通な約数をそれらの整式の**公約数**といい，公約数のうち次数の最も高いものを**最大公約数**といいます．また，いくつかの整式に共通な倍数を**公倍数**といい，公倍数のうち次数の最も低いものを**最小公倍数**といいます．

例 (1)　3 つの単項式 $2a^5$, $4a^4b^2$, $8a^2b^3$ の

最大公約数は a^2, 最小公倍数は a^5b^3.

(2)　2 つの整式 $x^2(x+1)$ と $x(x+1)(x-2)$ の

最大公約数は $x(x+1)$,

最小公倍数は $x^2(x+1)(x-2)$.

上の例の(1)のような場合，数因数まで考慮に入れて

最大公約数は $2a^2$, 最小公倍数は $8a^5b^3$

と答えることもあります．しかし，整式の最大公約数，最小公倍数については，通常，数因数のことはあまり問題にしません．したがって特別な事情があるとき以外には，数因数を無視して上のように答えてもさしつかえありません．

2 つの整式が 1 次以上の公約数をもたないとき，すなわち両者の最大公約数が 1 であるとき，これらは**互いに素**であるといいます．

一般に，2 つの整式 A, B の最大公約数を G，最小公倍数を L とし，

$$A = GA', \qquad B = GB'$$

とすれば，**A' と B' は互いに素**であって，

$$\boldsymbol{L = GA'B'}, \qquad \boldsymbol{AB = GL}$$

が成り立ちます．これらのことはすべて整数の場合と同様です．ただし，上にいったように，整式の場合には最大公約数，最小公倍数について数因数は無視していますから，上の等式 $L=GA'B'$, $AB=GL$ も（正確にいえば）数因数を無視した意味で成立するのです．

いくつかの整式の最大公約数や最小公倍数は，それらの整式を既約な因数に分解することによって求めることができます．このことも整数の場合と同様です．

例 (1)　a^3-b^3, a^2-b^2, a^2b-ab^2 の最大公約数と最小公倍数.

$$a^3-b^3 = (a-b)(a^2+ab+b^2)$$

78　　② 文字と記号の活躍——式の計算

$$a^2 - b^2 = (a-b)(a+b)$$
$$a^2b - ab^2 = ab(a-b)$$

よって　最大公約数は $a-b$,
　　　　最小公倍数は $ab(a-b)(a+b)(a^2+ab+b^2)$.

(2)　$x^3+x^2-2x,\ x^4-x^2$ の最大公約数と最小公倍数.

$$x^3+x^2-2x = x(x-1)(x+2)$$
$$x^4-x^2 = x^2(x-1)(x+1)$$

よって　最大公約数は $x(x-1)$,
　　　　最小公倍数は $x^2(x-1)(x+1)(x+2)$.

問16　次の各組の整式の最大公約数と最小公倍数を求めてくだ
さい.

(1)　$xy^2z^3,\ x^3y^2z$　　(2)　$a^2b^3,\ a^3bc^2,\ a^2b^2c$

(3)　$x^2-9,\ x^2-2x-3,\ x^2-4x+3$

(4)　$a^2+2ab+b^2,\ a^2-b^2,\ a^3+b^3$

(5)　$(x+y)^2-z^2,\ (y+z)^2-x^2,\ (z+x)^2-y^2$

　　例題　最大公約数が $x-1$, 最小公倍数が $x(x^2-1)$ で
ある2つの2次式を求めてください.

　解　求める2つの2次式を A,B, 最大公約数を G,
最小公倍数を L とし, また $A=GA',\ B=GB'$ としま
す. A,B は2次式で, G は1次式ですから, A',B' は1
次式で, しかも互いに素です. そして $L=GA'B'$ です
から,

$$A'B' = L \div G = x(x^2-1) \div (x-1) = x(x+1)$$

となっています. ゆえに, 私達は $A'=x,\ B'=x+1$ と
することができます.

　したがって求める2つの2次式は

$$A = (x-1)x = x^2-x,$$
$$B = (x-1)(x+1) = x^2-1$$

となります.

問17　最大公約数が $x-2$, 最小公倍数が $(x-2)^2(x+4)$ であ
る次数の等しい2つの整式を求めてください. "次数が等し
い" という制限をつけない場合は, 答はどうなりますか.

なお，これも整数のところで述べたことですが，2つの整数の最大公約数を求めるのに，それらの整数の素因数分解が簡単でない場合，ユークリッドの互除法とよばれる方法がありました．この方法は普遍的に応用でき，実際的で，またきわめて有効なものでした．この整数のときに述べたのと全く同じ原理によって，<u>1つの文字 x についての2つの整式</u>に対しては，それらの最大公約数をユークリッドの互除法によって求めることができます．

一例として，x^4+2x^3+5x+2 と $x^4+x^3-3x^2+4x+2$ の最大公約数を，ユークリッドの互除法によって求めてみましょう．すると次のようになります．

$(x^4+2x^3+5x+2) \div (x^4+x^3-3x^2+4x+2)$ を計算して，
$$商 1, \quad 余り \; x^3+3x^2+x$$
$(x^4+x^3-3x^2+4x+2) \div (x^3+3x^2+x)$ を計算して，
$$商 \; x-2,$$
$$余り \; 2x^2+6x+2＝2(x^2+3x+1)$$
$(x^3+3x^2+x) \div (x^2+3x+1)$ は，商 x で，割り切れる！

ゆえに，この2つの整式の最大公約数は x^2+3x+1 です．

上では私は計算の結果のみを書きました．実際にこの計算が正しいことは，読者が自分で紙の上に書いて確かめていただきたいと思います．

（なお，整式の最大公約数では数因数は無視しますから，互除法の計算で，余りとして出てきた式——次の割り算で"割る式"となる式——は，適当な数因数がくくり出せるときはそれをくくり出して，なるべく簡単な形にしておいたほうが賢明です．また場合によっては，"割る式"を簡単にするかわりに"割られる式"に適当な数因数を掛けておく，というようなことも考えられるでしょう．——しかし，そのような工夫をしても，実際にはしばしば計算の途中で複雑な分数が出てきたりして，私達は苦労します．皆さんもたぶん，次の問18の(3)ではそうした苦労を経験することでしょう．整式の場合には，ユークリッドの互除法は，整数の場合ほど安楽な道ではありません！）

問18 ユークリッドの互除法によって，次の各組の2つの整式の最大公約数を求めてください．

80　2　文字と記号の活躍——式の計算

(1)　$x^3-5x^2-8x-42,\quad x^3-4x^2-16x-35$

(2)　$x^4+4x^3+3x^2+4x+4,\quad x^3+3x^2+6x+4$

(3)　$x^5-5x^4+7x^3+x^2-8x-2,\quad x^4-2x^2-12x-8$

◆　分数式

A を任意の整式，B を 0 でない整式とするとき，$\dfrac{A}{B}$ の形の式を**分数式**または**有理式**といい，A をその**分子**，B をその**分母**といいます．

分数と同じように，2 つの分数式 $\dfrac{A}{B},\dfrac{A'}{B'}$ が等しいのは，$AB'=A'B$ が成り立つときです．すなわち

$$\frac{A}{B}=\frac{A'}{B'}\quad と\quad AB'=A'B$$

とは同じことです．

分数式 $\dfrac{A}{1}$ は整式 A と同じです．整式 A が整式 B の倍数で $A=BQ$ ならば，$\dfrac{A}{B}$ は整式 Q を表します．

分数式の“相等”の定義によって，分数式は分子と分母に 0 でない同じ整式を掛けても変わりません．また，分子と分母をその公約数で割っても変わりません．分数式の分子と分母を 1 次以上の公約数で割ることを，分数式を**約分する**といいます．約分できない分数式，すなわち分子と分母が互いに素である分数式を**既約分数式**といいます．分数式を分子と分母の最大公約数で約分すれば，既約分数式になります．

与えられた分数式を約分して既約分数式になおす例をいくつか挙げてみましょう．

例　(1)　$\dfrac{2x^3z}{6x^2yz^2}=\dfrac{x}{3yz}$

(2)　$\dfrac{x^2-4x+3}{x^2-x-6}=\dfrac{(x-3)(x-1)}{(x-3)(x+2)}=\dfrac{x-1}{x+2}$

(3)　$\dfrac{a^2-b^2}{a^3+b^3}=\dfrac{(a+b)(a-b)}{(a+b)(a^2-ab+b^2)}=\dfrac{a-b}{a^2-ab+b^2}$

(4)　$\dfrac{x^3-4x}{x^3-x^2-2x}=\dfrac{x(x+2)(x-2)}{x(x+1)(x-2)}=\dfrac{x+2}{x+1}$

また，いくつかの整式の分母が異なるときには，適当な整式をそれらの整式の分子と分母に掛けて，分母が同じ分数式になおすことができます．このことを，これらの分数式を**通分する**といいます．

通分するのにいちばん単純な方法は，与えられた分数式の

すべての分母の積を共通の分母とすることですが，より賢明な方法は，分母の最小公倍数を共通の分母とすることです．

例　(1)　$\dfrac{2x}{x^2-1}$ と $\dfrac{x+1}{(x-1)^2}$ を通分すれば

$$\dfrac{2x}{x^2-1}=\dfrac{2x}{(x-1)(x+1)}=\dfrac{2x(x-1)}{(x-1)^2(x+1)}$$

$$\dfrac{x+1}{(x-1)^2}=\dfrac{(x+1)^2}{(x-1)^2(x+1)}$$

(2)　$\dfrac{x^2+x+1}{x+1},\ \dfrac{x^2-x+1}{x-1}$ を通分すれば

$$\dfrac{x^2+x+1}{x+1}=\dfrac{(x-1)(x^2+x+1)}{(x-1)(x+1)}=\dfrac{x^3-1}{(x-1)(x+1)}$$

$$\dfrac{x^2-x+1}{x-1}=\dfrac{(x+1)(x^2-x+1)}{(x-1)(x+1)}=\dfrac{x^3+1}{(x-1)(x+1)}$$

(3)　$\dfrac{z}{xy},\dfrac{x}{yz},\dfrac{y}{zx}$ を通分すれば

$$\dfrac{z}{xy}=\dfrac{z^2}{xyz},\qquad \dfrac{x}{yz}=\dfrac{x^2}{xyz},\qquad \dfrac{y}{zx}=\dfrac{y^2}{xyz}$$

◆　分数式の演算

分数式(有理式)の間では，有理数の場合と全く同じように，加減乗除の四則演算が自由に行われます．

分母が等しい分数式の加法，減法は

$$\dfrac{A}{C}+\dfrac{B}{C}=\dfrac{A+B}{C},\qquad \dfrac{A}{C}-\dfrac{B}{C}=\dfrac{A-B}{C}$$

として行われます．分母が等しくないときは，通分してから上のようにします．

また，乗法，除法は，それぞれ

$$\dfrac{A}{B}\times\dfrac{C}{D}=\dfrac{AC}{BD},\qquad \dfrac{A}{B}\div\dfrac{C}{D}=\dfrac{A}{B}\times\dfrac{D}{C}=\dfrac{AD}{BC}$$

として行われます．

分数式の間でこうした四則演算を行った結果は，(エチケットとして)既約分数式になおしておいてください．

例　(1)　$\dfrac{x+8}{x^2+x-2}-\dfrac{x+4}{x^2+3x+2}$

$$=\dfrac{x+8}{(x+2)(x-1)}-\dfrac{x+4}{(x+2)(x+1)}$$

$$=\dfrac{(x+8)(x+1)}{(x+2)(x-1)(x+1)}-\dfrac{(x+4)(x-1)}{(x+2)(x-1)(x+1)}$$

$$= \frac{(x^2+9x+8)-(x^2+3x-4)}{(x+2)(x-1)(x+1)}$$

$$= \frac{6x+12}{(x+2)(x-1)(x+1)}$$

$$= \frac{6}{(x-1)(x+1)}$$

(2) $\quad \dfrac{1}{1-a} + \dfrac{1}{1+a} + \dfrac{2}{1+a^2} + \dfrac{4}{1+a^4}$

$$= \frac{(1+a)+(1-a)}{(1-a)(1+a)} + \frac{2}{1+a^2} + \frac{4}{1+a^4}$$

$$= \frac{2}{1-a^2} + \frac{2}{1+a^2} + \frac{4}{1+a^4}$$

$$= \frac{2(1+a^2)+2(1-a^2)}{(1-a^2)(1+a^2)} + \frac{4}{1+a^4}$$

$$= \frac{4}{1-a^4} + \frac{4}{1+a^4} = \frac{4(1+a^4)+4(1-a^4)}{(1-a^4)(1+a^4)}$$

$$= \frac{8}{1-a^8}$$

上の例の(2)では，いっぺんに通分すると面倒になるので，はじめのほうから順に2つずつ通分して計算しました．もちろん，このような巧妙な計算をするためには，ある"ひらめき"を要します．この"ひらめき"は，（多くの人にとって）一朝には得られません．それにはやはり，経験が必要です．

例 $\quad \dfrac{x^2-7x+6}{x^2+6x} \div \dfrac{x^2-14x+48}{x^2+10x+24} \times \dfrac{x^3-8x^2}{x^2+3x-4}$

$$= \frac{(x-1)(x-6)}{x(x+6)} \div \frac{(x-6)(x-8)}{(x+4)(x+6)} \times \frac{x^2(x-8)}{(x-1)(x+4)}$$

$$= \frac{(x-1)(x-6)}{x(x+6)} \times \frac{(x+4)(x+6)}{(x-6)(x-8)} \times \frac{x^2(x-8)}{(x-1)(x+4)}$$

$$= x$$

上の例でもみられるように，乗法や除法では，"通分"の手間がいりません．その意味で，分数式の四則演算では（これも分数の場合と同じことですが），加法・減法よりも乗法・除法のほうが簡単です．

　次に私は，分数式の四則演算についてのいくつかの練習問題を読者に提供しましょう．これらはかなり大量です．しかし，これらは"退屈な"計算練習ではありません．読者が分数式の計算に習熟するために，この程度の量は"たぶん"必

要です．これらはまた読者に因数分解の能力を練磨する機会を与えます．読者はこれらの練習問題をおろそかにせず，ひとつひとつ丹念にやってください．そうすれば，読者は<u>自然に式の計算についての</u>，ほぼ満足すべき能力を獲得することができ，私は今後，読者のこうした能力を前提として記述を進めてもよいということになるでしょう．私は，読者が<u>まじめに</u>これらの練習問題を実行されるよう，希望します．私は，ときに読者があまりこまかいことを気にせずに"気楽に読み進んでほしい"といったり，"まじめに計算練習をやってほしい"といったりします．私は私の気分，あるいは状況に応じて，そう書いていますが，それらはべつに矛盾しているわけではありません．

問19 次の計算をしてください．

(1) $\dfrac{a-b}{ab}+\dfrac{b-c}{bc}+\dfrac{c-a}{ca}$
(2) $\dfrac{x}{x^2-1}-\dfrac{1}{x^2-1}$

(3) $\dfrac{x+2}{x-2}+\dfrac{4}{2-x}$
(4) $\dfrac{1}{x+1}-\dfrac{2x}{x^2-1}$

(5) $x+2-\dfrac{2x}{x+1}-\dfrac{3x^2+4}{x(x+1)}$

(6) $\dfrac{x-2}{x^2-x+1}-\dfrac{1}{x+1}+\dfrac{x^2+x+3}{x^3+1}$

(7) $\dfrac{1}{x^2-3x+2}+\dfrac{2}{2x^2-x-1}-\dfrac{3}{2x^2-3x-2}$

(8) $\dfrac{1}{x}-\dfrac{1}{x+1}-\dfrac{1}{x+2}+\dfrac{1}{x+3}$

(9) $\dfrac{1}{a-1}+\dfrac{1}{a+1}+\dfrac{2a}{a^2+1}+\dfrac{4a^3}{a^4+1}$

(10) $\dfrac{1}{x(x+1)}+\dfrac{1}{(x+1)(x+2)}+\dfrac{1}{(x+2)(x+3)}$

(11) $\dfrac{a}{(a-b)(a-c)}+\dfrac{b}{(b-c)(b-a)}+\dfrac{c}{(c-a)(c-b)}$

(12) $\dfrac{1}{(a-b)(a-c)(a+1)}+\dfrac{1}{(b-c)(b-a)(b+1)}$
$+\dfrac{1}{(c-a)(c-b)(c+1)}$

問20 次の計算をしてください．

(1) $\dfrac{x^2-49}{x^2+2x}\times\dfrac{x+2}{x-7}$
(2) $\dfrac{x^2-y^2}{x^2-2xy+y^2}\times\dfrac{x-y}{x^2+xy}$

(3) $\dfrac{x^2+3x+2}{x^2-5x+6}\div\dfrac{x^2+4x+3}{x^2+x-12}$

84   2 文字と記号の活躍——式の計算

(4) $\dfrac{5x-5}{x^2-4x-12} \div \dfrac{4x^2-4}{x^3+8}$

(5) $\dfrac{a^2-5a+6}{3a^2-a-2} \times \dfrac{6a^2+10a+4}{a^2-a-6}$

(6) $\dfrac{1-a^2}{1+b} \times \dfrac{1-b^2}{a+a^2} \times \dfrac{1}{1-a}$

(7) $\dfrac{6x^2-7x-20}{x^2-4} \times \dfrac{x^2-x-2}{6x^2-15x} \div \dfrac{3x^2+7x+4}{x^2+2x}$

(8) $\left(1-\dfrac{4}{x-1}+\dfrac{12}{x-3}\right)\left(1+\dfrac{4}{x+1}-\dfrac{12}{x+3}\right)$

例題　次の式を簡単にしてください.

(1) $\dfrac{\dfrac{x+a}{x-a}-\dfrac{x-a}{x+a}}{\dfrac{x+a}{x-a}+\dfrac{x-a}{x+a}}$　　(2) $\dfrac{1}{a-\dfrac{1}{a+\dfrac{1}{a}}}$

$\boxed{解}$　与えられた式を P とします.

(1)　$P = \dfrac{\left(\dfrac{x+a}{x-a}-\dfrac{x-a}{x+a}\right)\times(x-a)(x+a)}{\left(\dfrac{x+a}{x-a}+\dfrac{x-a}{x+a}\right)\times(x-a)(x+a)}$

　　　$= \dfrac{(x+a)^2-(x-a)^2}{(x+a)^2+(x-a)^2} = \dfrac{2ax}{x^2+a^2}$

(2)　$P = \dfrac{1}{a-\dfrac{1\times a}{\left(a+\dfrac{1}{a}\right)\times a}} = \dfrac{1}{a-\dfrac{a}{a^2+1}}$

　　　$= \dfrac{1\times(a^2+1)}{\left(a-\dfrac{a}{a^2+1}\right)\times(a^2+1)}$

　　　$= \dfrac{a^2+1}{a(a^2+1)-a} = \dfrac{a^2+1}{a^3}$

上の例題に与えたような式を形式上**繁分数式**とよぶことがあります.

問21　次の式を簡単にしてください.

(1) $\dfrac{x+1+\dfrac{1}{x-1}}{x-1-\dfrac{1}{x-1}}$　　(2) $1-\dfrac{1}{1-\dfrac{1}{1-\dfrac{1}{1-\dfrac{1}{x}}}}$

$$(3)\quad \frac{1}{a-\dfrac{1}{a+\dfrac{1}{a}}}+\frac{1}{a+\dfrac{1}{a-\dfrac{1}{a}}}$$

　以上で，私はこの章を終わることにします．この章では，私は整式の話からはじめ，整式についての名称や関連するいろいろな言葉を説明し，続いて整式の計算に進み，とくに因数分解に力を入れ，さらに分数式およびその計算を扱いました．この章はどう書いてみても平凡で，もし奇をてらってそれを避けようとすれば，たぶん整式という概念の"厳密な定義"に立ち入ることになり，それはたいへん抽象的かつ専門的で，この段階でそのようなことに頭を疲れさせるのはあまり得策でなく，むしろ非難されるべきことといってもよいでしょう．そこで私は，通常行われていることを，通常通りに扱いました．この章の目的は，読者に式に関する基本的ないくつかの概念や用語を，あまりこまごました注釈は抜きに，自然な形で理解してもらい，因数分解や分数式の計算に十分習熟してもらうということでした．最後にひとことつけ加えたいと思いますが，この章の中でたびたび触れたように，整式と整数，分数式（有理式）と分数（有理数）の間には，それぞれ多くの類似点があります．どういう"類似"か？　読者は次の章に進む前に，ここで少し立ち止まって，その類似を自分で整理して述べてみてください．

> 自然数は造物主が作られた．その他は人のわ
> ざである．
>
> クロネッカー

3 数学の威力を発揮する
——方程式

3.1 方程式とその解法

　読者の中で，1次方程式を解いた経験のない人はおそらくないでしょう．1次方程式というのは，たとえば

$$2x + 25 = -3x + 10$$

のような等式で，この等式の中の x という文字はわれわれがはじめにはその値を知らない数，すなわち**未知数**を表しており，われわれはこの未知数 x の値が何であるかを知りたいと望んでいる——そういうとき，こうした等式を x についての**方程式**とよび，この方程式を成り立たせる未知数 x の値を方程式の**解**というのです．

　方程式の解をみいだすことを，その方程式を**解く**といいます．方程式を解くときに基本となるのは，等式に関する次のような性質です．

　ある等式が正しければ，

両辺に同じ数を加えた等式も正しい.

両辺から同じ数を引いた等式も正しい.

両辺に 0 でない同じ数を掛けた等式も正しい.

両辺を 0 でない同じ数で割った等式も正しい.

とくに，上にいった加法・減法に関する等式の性質から，たとえば

$$A-B+C = D-E$$

という等式が成り立つとき，

両辺に $-C$ を加えれば，$A-B = -C+D-E$

両辺に B を加えれば，$A+C = B+D-E$

両辺に E を加えれば，$A-B+C+E = D$

などなど，の等式はどれもやはり成り立つことがわかります. すなわち，等式の中のある項を符号をかえて他の辺に移すことができます. このことを私達は**移項の法則**とよんでいます.

◆ 1次方程式の解法

上に挙げた 1 次方程式

$$2x+25 = -3x+10$$

を，上記の基本性質や移項の法則を用いて解いてみましょう.

まず $-3x$ を左辺に，25 を右辺に移項すれば

$$2x+3x = -25+10$$

すなわち

$$5x = -15$$

そこで，この両辺を 5 で割れば

$$x = -3$$

ゆえに，この 1 次方程式の解は $x=-3$ ということになります.

一般に，x についての（または，x の）**1 次方程式**というのは，すべての項を左辺に移項したとき，

$$(x \text{ の 1 次式}) = 0$$

と表されるような方程式です.

もっと具体的に，かつ一般的にいえば

$$ax+b = 0$$

の形に書かれる方程式です. ここで a, b はそれぞれ，ある"きまった数"を表しています. すなわち，これらは**定数**です. そして，左辺は x の"1 次式"ですから，定数 a は 0 で

はありません.

（ついでにちょっと付言すると，私は前に 76 ページで，個々の数をそれ自身 x の整式とみなすとき，それを定数という，と述べました．記憶のよい読者は——といっても，そんなに前のことではありませんが——それをおぼえておられるでしょう．そこで使った定数と，ここで使った定数とは，言葉の意味が少しばかり違っています．しかし，どちらもある "きまった数" を表しているという点では同じです．"定数" というような言葉はいろいろなところで少しずつ違った意味に用いられるので，統一的にその定義を述べることは，実は困難です．またそんな必要もないと，私は思います．"定数" に限らず，私達は，数学を学んでいくにつれて，いろいろな言葉の使い方を<u>自然に</u>身につけていくということが多いのです．"習うより慣れよ" という処世の格言は，数学の場合にも通用します．いずれにしても "定数" というのは——使われる場所によって多少異なる解釈がなされるにしても——ある "きまった数" を表している文字のことです.）

少し話が中断しましたが，話をもとにもどして，一般の 1 次方程式

$$ax + b = 0$$

を考えましょう．これを解くことはきわめて簡単です．すなわち，b を右辺に移項すれば

$$ax = -b$$

となり，次にこの両辺を a で割れば

$$x = -\frac{b}{a}$$

となります．これが 1 次方程式 $ax + b = 0$ の解です.

問 1 次の 1 次方程式を解いてください.
(1) $8 - x = 15$ (2) $-25x = 10$
(3) $2x + 12 = 5x$ (4) $3(2x - 1) = 11(2 + x)$

例題 7 時と 8 時の間で，時計の両針が一直線となる時刻を求めてください.

解 求める時刻を 7 時 x 分とすると，7 時から 7 時 x 分までの間に長針は 12 時の位置から x 分動き，短針は

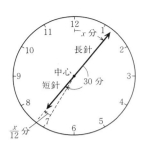

7時の位置から $\frac{x}{12}$ 分進みます．したがって短針は12時のところからみると $35+\frac{x}{12}$ 分だけ進んだ位置にいます．そして長針と短針とが一直線になるということは，長針から30分進んだ位置に短針があるということです．ゆえに $x+30$ と $35+\frac{x}{12}$ とが等しくなります．（左の図を参照してください．）式で表せば

$$x+30 = 35+\frac{x}{12}$$

です．$\frac{x}{12}$ を左辺に，30を右辺に移項すると

$$x-\frac{x}{12} = 35-30, \quad \frac{11}{12}x = 5$$

ゆえに

$$x = 5\times\frac{12}{11} = \frac{60}{11}$$

すなわち，求める時刻は 7 時 $5\frac{5}{11}$ 分です．（むろん，この $5\frac{5}{11}$ は $\frac{60}{11}$ を"帯分数"になおしたもので，$5\times\frac{5}{11}$ の意味ではありません．）

問2 7時と8時の間で，時計の両針が重なる時刻，および両針が直角をなす時刻を，それぞれ求めてください．

上の例題はいわゆる"応用問題"で，そこでは，実際に未知の数 x があり，その値を求めるために私達は x を含む方程式をつくり——このことを，今ではあまり使われない用語になりましたが，以前は "x についての方程式を立てる" といいました——，それを解いて x の値を求めたのです．こういう応用問題こそ方程式発祥（はっしょう）の地であり，"代数" という学問はここから出発してきたといってもよいでしょう．私は正確な状況は知りませんが，今日の子供達は，たぶん小学校の高学年のころから，結果として1次方程式を解くことに帰着するいろいろな応用問題に出会うようになります．それらの中にはずいぶん難しいものもあるようです．しかし，その難しさは "方程式を立てる" までの思考過程にあるので，いったん方程式がつくられてしまえば，それを解くのにはほとんど困難はありません．

◆ 記号 $\Longrightarrow$ および $\Longleftrightarrow$

1次方程式の次に2次方程式を考えることになるのは，ご

く自然な順序です.

x についての **2次方程式**とは, 移項して整理した結果が
$$(x \text{ の 2 次式}) = 0$$
となる方程式, すなわち一般に, a を 0 でない定数, b, c を定数として
$$ax^2 + bx + c = 0$$
の形に表される方程式です.

2次方程式の解法を考える前に, これからの記述を簡単にするために, ここで2つの記号 $\Longrightarrow$, $\Longleftrightarrow$ を導入しておくことにしましょう.

一般に, p や q が数学的なことがらを述べた文章や式であるとき, "p が成り立つならば必ず q も成り立つ" ということを, 私達は
$$p \Longrightarrow q$$
と表すことにします. また "$p \Longrightarrow q$ かつ $q \Longrightarrow p$" ということ, すなわち "p が成り立つならば q も成り立ち, 逆に q が成り立つならば p も成り立つ" ということを
$$p \Longleftrightarrow q$$
で表します. 私達は, $p \Longrightarrow q$ を **p ならば q**, $p \Longleftrightarrow q$ を **p と q とは同値**と読むことにしましょう.

たとえば, a, b が数を表すとき, $a = 0$ ならば, b が何であっても $ab = 0$ となりますから,
$$a = 0 \Longrightarrow ab = 0$$
は正しい主張です. すなわち, $\underline{a = 0 \text{ ならば } ab = 0}$ です. しかし, $ab = 0$ であっても $a = 0$ であるとは限りませんから,
$$ab = 0 \Longrightarrow a = 0$$
は正しくありません.

一方 $ab = 0$ ならば, a, b の少なくとも一方は 0 でなければなりませんから,
$$ab = 0 \Longrightarrow a = 0 \text{ または } b = 0$$
というのは正しい主張です. (2つの 0 でない数の積はやはり 0 でないことに注意してください.) 逆に, $a = 0$ または $b = 0$ であれば, 当然 $ab = 0$ となりますから,
$$a = 0 \text{ または } b = 0 \Longrightarrow ab = 0$$
は正しく, したがって,
$$\boldsymbol{ab = 0 \Longleftrightarrow a = 0 \text{ または } b = 0}$$

ということになります．すなわち，<u>$ab=0$ と "$a=0$ または $b=0$" とは同値</u>です．とくに $a=b$ の場合を考えれば

$$a^2=0 \iff a=0$$

となります．

上記のことの延長線上にあることとして，次の事実にも注意しておきましょう．それは，2つの数 a, b に対して

$$a^2=b^2 \iff a=\pm b$$

が成り立つということです．ただし，右側の等式 $a=\pm b$ は "$a=b$ または $a=-b$" を意味しています．

このことは次のようにして示されます．すなわち

$$
\begin{aligned}
a^2=b^2 &\iff a^2-b^2=0 \\
&\iff (a-b)(a+b)=0 \\
&\iff a-b=0 \ \text{または} \ a+b=0 \\
&\iff a=b \ \text{または} \ a=-b \\
&\iff a=\pm b
\end{aligned}
$$

これで "$a^2=b^2 \iff a=\pm b$" が証明されました．

◆ 2次方程式の解法

さて，上記の準備のもとに，2次方程式の解法を考えましょう．

2次方程式

$$ax^2+bx+c=0$$

は，その左辺が2つの1次式の積に因数分解されるときには，直ちに解が求められます．次の例をみてみましょう．

例 2次方程式 $2x^2-5x-3=0$ を解きなさい．

$\boxed{\text{解}}$ 左辺を因数分解すると

$$(x-3)(2x+1)=0$$

したがって

$$x-3=0 \quad \text{または} \quad 2x+1=0$$

ゆえに　　　$x=3$　または　$x=-\dfrac{1}{2}$

〈答〉 $x=3, -\dfrac{1}{2}$

$\boxed{\text{問 3}}$ 因数分解によって次の2次方程式を解いてください．

(1) $x^2+9x+18=0$ (2) $16x^2-225=0$

(3) $x^2 = -4x$　　　(4) $4x^2 - 12x + 9 = 0$

(5) $14x^2 - 31x - 10 = 0$　　　(6) $(x+3)(x+4) = 5x(x+1)$

2 次方程式

$$ax^2 + bx + c = 0 \qquad ①$$

の左辺の 2 次式はいつも容易に因数分解できるとは限りません．それができるのはむしろ少数の幸運な場合にしか過ぎないといってもよいでしょう．そこで私達に，こういう欲求が生じます．2 次方程式をもっと一般的に解く方法はないか？係数 a, b, c によって解を表す一般的な公式は求められないか？　これはごく自然な欲求です．そして実際，私達は次のようにしてその公式を導き出すことができます．

まず，① の両辺を a で割って，定数項を右辺に移項すると

$$x^2 + \frac{b}{a}x + \frac{c}{a} = 0$$

$$x^2 + \frac{b}{a}x = -\frac{c}{a} \qquad ②$$

となります．この両辺に適当な定数を加えて，左辺が平方式，すなわち $(x+p)^2$ の形になるようにしてみましょう．それには $2p = \frac{b}{a}$，すなわち $p = \frac{b}{2a}$ として，② の両辺に

$$\left(\frac{b}{2a}\right)^2 = \frac{b^2}{4a^2}$$

を加えてやればよろしい．実際そうすると

$$x^2 + \frac{b}{a}x + \frac{b^2}{4a^2} = -\frac{c}{a} + \frac{b^2}{4a^2}$$

$$\left(x + \frac{b}{2a}\right)^2 = \frac{b^2 - 4ac}{4a^2} \qquad ③$$

となります．

ここで，もし $b^2 - 4ac \geqq 0$ ならば，実数の範囲にその平方根 $\sqrt{b^2 - 4ac}$ を求めることができ，③ は

$$\left(x + \frac{b}{2a}\right)^2 = \left(\frac{\sqrt{b^2 - 4ac}}{2a}\right)^2$$

と変形されます．"$A^2 = B^2 \Longleftrightarrow A = \pm B$" でしたから，これより

$$x + \frac{b}{2a} = \pm \frac{\sqrt{b^2 - 4ac}}{2a}$$

が得られ，$\frac{b}{2a}$ を右辺に移項すれば

94 ③ 数学の威力を発揮する──方程式

$$x = \frac{-b \pm \sqrt{b^2 - 4ac}}{2a} \qquad ④$$

となります. この ④ が2次方程式の**解の公式**です.

例 解の公式を用いて, 次の2次方程式を解きなさい.

(1) $2x^2 - 5x - 3 = 0$ (2) $5x^2 + 6x - 3 = 0$

解 (1) $a=2$, $b=-5$, $c=-3$ ですから

$$x = \frac{-(-5) \pm \sqrt{(-5)^2 - 4 \times 2 \times (-3)}}{2 \times 2} = \frac{5 \pm \sqrt{49}}{4}$$

$$= \frac{5 \pm 7}{4}$$

ゆえに $x = \dfrac{12}{4} = 3$ または $x = \dfrac{-2}{4} = -\dfrac{1}{2}$

(2) $a=5$, $b=6$, $c=-3$ ですから

$$x = \frac{-6 \pm \sqrt{6^2 - 4 \times 5 \times (-3)}}{2 \times 5} = \frac{-6 \pm \sqrt{96}}{10}$$

$$= \frac{-6 \pm 4\sqrt{6}}{10} = \frac{-3 \pm 2\sqrt{6}}{5}$$

問 4 解の公式を用いて, 次の2次方程式を解いてください.

(1) $4x^2 + 5x - 6 = 0$ (2) $x^2 - 2x - 4 = 0$

(3) $x^2 + 8x - 16 = 0$ (4) $x^2 - 11x + 19 = 0$

(5) $6x^2 + 17x + 12 = 0$ (6) $3x^2 - 4x - 2 = 0$

　歴史家の語るところによれば, 方程式解法の歴史は非常に古いもので, 古代ギリシアで紀元前4, 5世紀ごろ論証的な数学が誕生する以前に, バビロニアでは, 数表を使って簡単な2次方程式が──さらに, 連立2元2次方程式や3次方程式さえも──解かれていた, ということです. 2次方程式の解の公式も, 正の解をもつものについては, すでに文章の形で正しく述べられていたといわれています.

　さて, 上の2次方程式の解の公式は, $b^2 - 4ac \geqq 0$ の場合に得られたものでした. $b^2 - 4ac < 0$ の場合には, 93ページの③の式, すなわち

$$\left(x + \frac{b}{2a} \right)^2 = \frac{b^2 - 4ac}{4a^2}$$

の右辺が負の数となってしまうので, この等式を成り立たせるような実数 x は存在しません. すでに知っているように, どんな実数の平方も負とはならないからです. したがって,

$b^2-4ac<0$ の場合には，2次方程式
$$ax^2+bx+c=0$$
は解をもちません.

3.2 2次方程式と複素数

　前節の終わりに，$b^2-4ac<0$ となる場合には，2次方程式 $ax^2+bx+c=0$ は解をもたない，といいました．これは，正確にいえば，実数の範囲には解をもたないということです．われわれはこれまで，数というのは，数直線上の点に対応する数，すなわち実数だけである，と考えてきました．このように実数の世界だけを考えている限りでは，$b^2-4ac<0$ となる2次方程式は，たしかに解をもたないのです.

　しかし，もし数の世界を実数よりもっと拡張してみたら？　その拡張された数の世界では，どんな2次方程式も必ず解をもつ，というようなことが起こり得るのではないか？　これは誘惑的な問題です．いったい，そのような数の世界は構成し得るのか？　答はイエスか，ノーか？　イエスです！　私達はそのような数の世界を構成することができます．それが"複素数"とよばれる数の世界です.

　私は以下に，その複素数のことを説明しましょう．ただ，現在の段階では，この複素数について完全に合理的な説明を述べることは，ちょっと困難です．そうした説明を述べるためには，私達はある種の抽象的な議論に立ち入らなければなりませんが，最初からそのような抽象的な議論をすることは適当ではないからです．そうした議論は，ずっと先の時点ですればよいでしょう．当面そこまで行く必要はありません．さしあたってここで私が読者に望むのは，以下の説明によって，読者が"そぼくに"複素数の概念を理解し，複素数の四則演算などの計算に十分習熟されるということです.

◆　複素数の定義

　前おきはこれくらいにして，複素数の説明にはいります.

　まず，2乗すれば -1 となる1つの"新しい"数を考えて，それを i という文字で表します．すなわち
$$i^2=-1$$

です．私達はこの新しい数 i のことを**虚数単位**とよびます．

次に，$2i$, $5-4i$, $-1+\sqrt{3}\,i$ のように，a, b を実数として
$$a+bi$$
の形に表される数を考え，それを**複素数**とよびます．

私は上に"$i^2=-1$ となる1つの新しい数 i を考える"とか，"a, b を実数として $a+bi$ の形に表される数を考える"といいました．しかし，このような"数"を勝手に考えていいのか？ このようなものを"数"とよんでもさしつかえないのか？ 読者のうちには，こういう疑問をもつ人もいるでしょう．それはある意味で当然の疑問です．けれども，私は保証します．考えてよいのです！ ここでは読者はそれを信用してください．

さて，私達は複素数について次のような規約や定義を設けます．

1 複素数 $a+bi$ において $b=0$ であるときには，これは実数 a と同じであるとします．たとえば $3+0i$ は実数 3 と同じです．実数全体の集合を R，複素数全体を C で表すことにすれば，この意味で，R は C の部分集合となっています．すなわち $R \subset C$ です．

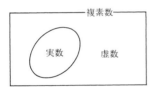

2 $b \neq 0$ であるときには複素数 $a+bi$ は実数ではありません．実数ではない複素数を**虚数**といいます．とくに，$a=0$, $b \neq 0$ であるときには $0+bi$ を単に bi と書いて，このような虚数を**純虚数**とよびます．たとえば $5i$ は純虚数です．

3 2つの複素数 $a+bi$ と $c+di$ は，$a=c$ かつ $b=d$ であるとき，またそのときに限り，**等しい**と定めます．すなわち
$$a+bi = c+di \iff a=c,\ b=d$$
です．（むろん，ここで a, b, c, d は実数を表しています．）
とくに
$$a+bi = 0 \iff a=b=0$$
です．

例 実数 a, b, x, y に対して

(1) $a-3i = 2+bi$ となるのは，$a=2$, $b=-3$ のときです．

(2) $(x+1)+(y-5)i = 0$ となるのは，$x+1 = y-5 = 0$ のとき，すなわち $x=-1$, $y=5$ のときです．

◆ **複素数の演算**

複素数の間でも加減乗除の演算が行われますが,

<u>その演算は実数の場合と全く</u>
<u>同様の法則に従って行われる</u>

ものとし,演算の過程で

<u>i^2 が現れたときは,いつもそれを -1 でおきかえる</u>

ものとします.

この規約に従えば,たとえば次のような演算が行われます.

例　$(2+3i)+(1-5i) = (2+1)+(3-5)i = 3-2i$

$(2+3i)-(1-5i) = (2-1)+(3+5)i = 1+8i$

$(-2i)^2 = 4i^2 = -4$

$(2+3i)(1-5i) = 2\times1+3i\times1-2\times5i-3i\times5i$

$\qquad\qquad\quad = 2+3i-10i-15i^2$

$\qquad\qquad\quad = (2+15)+(3-10)i = 17-7i$

$\dfrac{1}{2i} = \dfrac{i}{2i^2} = -\dfrac{1}{2}i$

$\dfrac{2+3i}{1-5i} = \dfrac{(2+3i)(1+5i)}{(1-5i)(1+5i)} = \dfrac{2+3i+10i+15i^2}{1-25i^2}$

$\qquad = \dfrac{-13+13i}{26} = -\dfrac{1}{2}+\dfrac{1}{2}i$

複素数 $a+bi$ と $a-bi$ を互いに**共役な複素数**といいます.
たとえば,5, $-3i$, $2-i$, $4+9i$ に共役な複素数は,それぞれ,5, $3i$, $2+i$, $4-9i$ です.

例　共役な 2 つの複素数 $a+bi$, $a-bi$ の積は<u>実数</u>であること,そして,$a+bi \neq 0$ である限り,その積は<u>正の実数</u>であることを示しなさい.

証明　複素数の演算法則によって

$$(a+bi)(a-bi) = a^2-b^2i^2 = a^2+b^2$$

となり,これは実数です.

次に,$a+bi \neq 0$ ならば,この積 a^2+b^2 は正の実数であることを示しましょう.$a+bi \neq 0$ ならば,a, b の少なくとも一方は 0 でない実数です.よって

$a \neq 0$, $b=0$ ならば,$a^2>0$, $b^2=0$ ですから

$$a^2+b^2 = a^2+0 = a^2 > 0$$

$a=0$, $b \neq 0$ ならば,$a^2=0$, $b^2>0$ ですから

$$a^2+b^2 = 0+b^2 = b^2 > 0$$

98 　3　数学の威力を発揮する──方程式

$a \neq 0$, $b \neq 0$ ならば，$a^2 > 0$, $b^2 > 0$ で，2 つの正の数の
和は正ですから，　$a^2 + b^2 > 0$

となります．

一般に，複素数の加減乗除は次のように計算されます．

1　$(a+bi)+(c+di) = (a+c)+(b+d)i$

2　$(a+bi)-(c+di) = (a-c)+(b-d)i$

3　$(a+bi)(c+di) = (ac-bd)+(ad+bc)i$

4　$\dfrac{a+bi}{c+di} = \dfrac{ac+bd}{c^2+d^2} + \dfrac{bc-ad}{c^2+d^2}i$

ただし，**4** では $c+di \neq 0$ とします．このとき，この商は分
母の共役複素数 $c-di$ を分子と分母に掛けることによって
計算されます．そのとき分母は

$$(c+di)(c-di) = c^2+d^2$$

となり，上の例で示したように，これは正の実数です．

　読者は上の **1, 2, 3, 4** の式を必ずしも公式のように記憶す
る必要はありません．それよりもたいせつなのは，はじめに
述べた複素数の演算についてのとりきめ──複素数の演算が
実数の場合と全く同じ法則に従って行われること，i^2 が現れ
たときはいつもそれを -1 でおきかえること──をしっかり
と心にとめておくことです．それと，商を計算するときには，
分子と分母に分母の共役複素数を掛けるということ，それだ
けおぼえておけばよいでしょう．

問 5　次の計算をしてください．

(1)　$(5-3i)-(5+3i)$　　　(2)　$(4+5i)+(-2+3i)$

(3)　$(6i)^2$　　　　　　　　(4)　$(5+3i)(2-7i)$

(5)　i^3　(6)　i^4　(7)　i^5　(8)　i^6

(9)　$\dfrac{5}{3-4i}$　　(10)　$\dfrac{-3+2i}{2+3i}$　　(11)　$\dfrac{11-16i}{7+3i}$

(12)　$\dfrac{1-i}{1+i}$　　(13)　$\dfrac{1}{i}$　　　　(14)　$(1-i)^4$

(15)　$\dfrac{1+2i}{3-i}+\dfrac{1-2i}{3+i}$　　(16)　$\left(\dfrac{2+i}{2-i}\right)^2$

問 6　$x = \dfrac{-1+\sqrt{3}\,i}{2}$ とするとき，x^2+x+1 の値，および x^3
の値を求めてください．

　上でみてきたように，複素数の演算は実数の場合と全く同
様の演算法則──すなわち，加法・乗法に関する交換則・

結合法則・分配法則——に従い，そして複素数の範囲でも，加減乗除の演算が自由に行われます．すなわち，<u>複素数全体の集合も，有理数全体の集合や実数全体の集合と同じく，加減乗除の四則演算について閉じています．</u>
これは1つの重要な結論です！（この結論はまた，この複素数という"新しい数"を考えることにためらいと不安を抱いていた読者にも，おそらく，ある安心感を与え，この"新しい数"をまさに"新しい数"として認める方向に気持ちを大きく前進させることにもなるでしょう．）

　上のことに続けて，私はさらに，複素数の範囲でも，2つの数の積が0となるのは少なくとも一方の数が0である場合であり，またその場合に限る，という事実に注意しておきましょう．すなわち，複素数 α, β についても

$$\alpha\beta=0 \iff \alpha=0 \ \text{または} \ \beta=0$$

が成り立つのです．
　念のため，次にその証明を述べましょう．

証明　$\alpha=0$ または $\beta=0$ のとき，$\alpha\beta=0$ であることは明らかです．よって，われわれが証明すべきことは，

（＊）　　　$\alpha\beta=0 \implies \alpha=0 \ \text{または} \ \beta=0$

ということです．そして，（＊）を示すには，$\alpha\beta=0$ であるとき，もし $\alpha\neq0$ であるならば，$\beta=0$ である，ということを示せばよろしい．そこでいま

$$\alpha\beta = 0 \quad \text{かつ} \quad \alpha \neq 0$$

と仮定しましょう．複素数は除法について閉じていますから，0 でない複素数 α は，複素数の範囲にその逆数 $\frac{1}{\alpha}$ をもちます．この $\frac{1}{\alpha}$ を $\alpha\beta=0$ の両辺に掛けると

$$\frac{1}{\alpha}(\alpha\beta) = \frac{1}{\alpha}\times 0$$

となり，この右辺は 0 に等しい．一方，左辺は

$$\frac{1}{\alpha}(\alpha\beta) = \left(\frac{1}{\alpha}\alpha\right)\beta = 1\times\beta = \beta$$

となります．ゆえに

$$\beta = 0$$

となって，われわれの主張が証明されました．
　この証明は"何だかよくわからない"と思われる方が多いのではないでしょうか？　それも無理はありません．この証

明は少し抽象的で，具体的な計算のようなものを含んでいないので，これで証明された，という気分がしないのです．（もっと具体的な計算をして証明をする方法もありますが，そちらのほうは式の変形が少し面倒です．）少し乱暴なことをいうようですが，この証明が"わからない"という人は"わからない"でもかまいません．（いずれ理解できる日がきます！）ただ，上に述べた事実"$\alpha\beta=0 \Longleftrightarrow \alpha=0$ または $\beta=0$"を承認しておかれれば，それで結構です．

上記の事実から，また，複素数 α, β に対して

$$\alpha^2=\beta^2 \Longleftrightarrow \alpha=\pm\beta$$

が導かれることも，実数の場合と同様です．実際，92 ページと同様に

$$\alpha^2=\beta^2 \Longleftrightarrow \alpha^2-\beta^2=0 \Longleftrightarrow (\alpha-\beta)(\alpha+\beta)=0$$
$$\Longleftrightarrow \alpha-\beta=0 \text{ または } \alpha+\beta=0 \Longleftrightarrow \alpha=\pm\beta$$

となります．

◆ 負の数の平方根

数の範囲を複素数までひろげれば，負の数の平方根も求めることができます．たとえば，-5 の平方根は，方程式

$$x^2 = -5$$

の解ですが，$-5=5\times(-1)=(\sqrt{5})^2 i^2=(\sqrt{5}\,i)^2$ ですから，上の方程式は

$$x^2 = (\sqrt{5}\,i)^2$$

と書きなおされます．ゆえに上記の "$\alpha^2=\beta^2 \Longleftrightarrow \alpha=\pm\beta$" によって，$x=\pm\sqrt{5}\,i$ となります．すなわち，-5 の平方根は $\sqrt{5}\,i$ と $-\sqrt{5}\,i$ の 2 つです．

全く同様にして，一般に a が正の数であるとき，

　　負の数 $-a$ の平方根は $\sqrt{a}\,i$ と $-\sqrt{a}\,i$ の 2 つである

ことがわかります．

これら 2 つの平方根のうち，$\sqrt{a}\,i$ のほうを $\sqrt{-a}$ で表します．すなわち，

$$a>0 \text{ のとき } \sqrt{-a} = \sqrt{a}\,i$$

とするわけです．これはほとんど便宜上の規約で，$-\sqrt{a}\,i$ のほうを $\sqrt{-a}$ と書くことにしてもべつにさしつかえないのですが，通常は上のようにとりきめます．とにかくこのように

記号の意味を定めれば，負の数 $-a$ についても，その2つの平方根が $\pm\sqrt{-a}$ で表されることになります．

　a が正の数の場合には $\sqrt{a}$ の意味は既知で，a の2つの平方根は $\pm\sqrt{a}$ で表されます．これで結局，$\sqrt{a}$ という記号は__任意の実数__ a に対して用いられることになり，a が正でも負でも a の2つの平方根は $\pm\sqrt{a}$ で表されることがわかりました．

　a が負の数である場合には，われわれの記号のとりきめ方によって，たとえば

$$\sqrt{-5} = \sqrt{5}\,i, \qquad \sqrt{-1} = \sqrt{1}\,i = i, \qquad \sqrt{-49} = \sqrt{49}\,i = 7i$$

などとなります．とくに

$$\sqrt{-1} = i$$

であることは，しっかり記憶にとどめておくべきことでしょう．（そもそもわれわれは，-1 の平方根の1つとして i という数を導入したのでした！）　余談ですが，i（アイ）は愛に通じ，愛はすべてを包むというので，昔，$\sqrt{-1}$ という文字を染め抜いたふろしきで，書物やおべんとう，その他もろもろのものを包んで歩いた数学のえらい先生がおられた，とかいう話です．もっとも，この話の信用性のほどは，保証の限りではありません！　なお，ついでにつけ加えると，なぜ $\sqrt{-1}$ を i という文字で表すのか？　それは，実数でない複素数，すなわち虚数のことを英語で imaginary number というからです．i はその頭文字です．もう1つつけ加えると，実数および複素数は，英語でそれぞれ，real number, complex number といいます．実数全体の集合，複素数全体の集合を，それぞれ R, C という文字で表すことが多いのは，そのためです．

◆　2次方程式の解の公式

　さて，ふたたび，私達が複素数という数を考えるにいたった最初の時点にもどって，一般の2次方程式

$$ax^2 + bx + c = 0$$

を考えましょう．ただし，いままでどおり係数 a, b, c は__実数__としますが，解は一般に__複素数の範囲で考える__ことにします．

102　③　数学の威力を発揮する——方程式

　前に 93〜94 ページで私達は 2 次方程式の解の公式を導き
ました．そのときは実数の解のみを考えていたので，係数に
ついて $b^2-4ac \geqq 0$ という条件をつける必要がありましたが，
複素数の範囲で考えれば，$b^2-4ac<0$ の場合にもその平方
根 $\pm\sqrt{b^2-4ac}$ が存在して，

$$b^2-4ac=(\sqrt{b^2-4ac})^2, \qquad \frac{b^2-4ac}{4a^2}=\left(\frac{\sqrt{b^2-4ac}}{2a}\right)^2$$

となります．そして複素数の範囲においても，やはり

$$\alpha^2=\beta^2 \Longleftrightarrow \alpha=\pm\beta$$

が成り立ちますから，結局，前に解の公式を導くために行っ
た式の変形は，$b^2-4ac<0$ の場合にもそのまま通用します．
（読者は前のページにもどって，そのことを確認してくださ
い．）よって結論を述べれば，94 ページで得た解の公式④
は，b^2-4ac の符号いかんにかかわらず，それが正でも負で
も 0 でも，つねに成り立つ，ということになります！

　このことをあらためて次に述べておきましょう．

---

2 次方程式の解の公式

　2 次方程式 $ax^2+bx+c=0$ の解は

$$\boldsymbol{x=\frac{-b\pm\sqrt{b^2-4ac}}{2a}}$$

で与えられる．

　上の解の公式で，x の係数 b を $b=2b'$ とおけば，

$$x=\frac{-2b'\pm\sqrt{4b'^2-4ac}}{2a}=\frac{-2b'\pm2\sqrt{b'^2-ac}}{2a}$$
$$=\frac{-b'\pm\sqrt{b'^2-ac}}{a}$$

となります．すなわち，2 次方程式

$$ax^2+2b'x+c=0 \quad の解は \quad \boldsymbol{x=\frac{-b'\pm\sqrt{b'^2-ac}}{a}}$$

です．皆さんは，できれば，これも公式として記憶しておか
れるとよいでしょう．実用的には，たとえば整数を係数とす
る 2 次方程式で，x の係数 b が偶数である場合には，この公
式を用いたほうが計算がずっと簡単になります．

例　解の公式を用いて，次の 2 次方程式を解きなさい．

　　(1)　$4x^2+3x+2=0$　　　(2)　$5x^2-6x+9=0$

　解　(1)　$a=4,\ b=3,\ c=2$ ですから

$$x = \frac{-3 \pm \sqrt{3^2 - 4 \times 4 \times 2}}{2 \times 4} = \frac{-3 \pm \sqrt{-23}}{8} = \frac{-3 \pm \sqrt{23}\,i}{8}$$

(2) $a = 5$, $b' = -3$, $c = 9$ ですから

$$x = \frac{-(-3) \pm \sqrt{(-3)^2 - 5 \times 9}}{5} = \frac{3 \pm \sqrt{-36}}{5} = \frac{3 \pm 6i}{5}$$

問 7 次の 2 次方程式を解いてください.

(1) $x^2 = -8$ (2) $25x^2 + 16 = 0$

(3) $x^2 + x + 1 = 0$ (4) $2x^2 - 5x + 7 = 0$

(5) $x^2 - 2x + 5 = 0$ (6) $9x^2 + 12x + 7 = 0$

◆ 2 次方程式の解の種類と判別式

2 次方程式 $ax^2 + bx + c = 0$ の解は

$$x = \frac{-b \pm \sqrt{b^2 - 4ac}}{2a}$$

ですから,この根号のなかの式を

$$\boldsymbol{D = b^2 - 4ac}$$

とおくと,この方程式の解の種類を,次のように場合わけして述べることができます.

1 $D > 0$ ならば,方程式は,異なる 2 つの実数解

$$\frac{-b + \sqrt{D}}{2a}, \qquad \frac{-b - \sqrt{D}}{2a}$$

をもちます.

2 $D = 0$ ならば,方程式は,ただ 1 つの実数解 $-\dfrac{b}{2a}$ をもちます.

3 $D < 0$ ならば,方程式は,異なる 2 つの虚数解

$$\frac{-b + \sqrt{-D}\,i}{2a}, \qquad \frac{-b - \sqrt{-D}\,i}{2a}$$

をもちます.

上の **2** の場合には,"2 つの解が重なった"ものと考えて,これを**重解**とよびます.重解を 2 つの解と考えれば,複素数の範囲では,<u>2 次方程式はつねに 2 つの解をもつ</u>ことになります.

$D = b^2 - 4ac$ を 2 次方程式 $ax^2 + bx + c = 0$ の**判別式**といいます.上に述べたように,この式の符号によって 2 次方程式の解の種類を"判別"することができるからです.なお,判別式をふつう D という文字で表すのは,判別式のことを

104　3　数学の威力を発揮する——方程式

英語で discriminant というからです.

　上記のことを, もう一度くり返してまとめておきましょう.

　実数を係数とする 2 次方程式 $ax^2+bx+c=0$ の判別式を D とすれば, この 2 次方程式は

　1　$D>0$ ならば, **異なる 2 つの実数解をもつ.**

　2　$D=0$ ならば, **重解をもつ.**

　3　$D<0$ ならば, **異なる 2 つの虚数解をもつ.**

　実数解, 虚数解のことをそれぞれ**実根**, **虚根**ともいいます. また重解のことを**重根**ともいいます.（以前はこの実根, 虚根, 重根という言葉がおもに使われましたが, 時の流れに流されて, このごろはあまり使われなくなりました.）

　2 の重解の場合, その解は実数解です. したがって, **1, 2** を合わせると, 2 次方程式 $ax^2+bx+c=0$ は,

$$D\geqq0 \quad \text{ならば, } \textbf{実数解をもつ}$$

ということになります.

　また, **3** の虚数解の場合には, その 2 つの解は互いに共役な複素数となっています.

　なお, $ax^2+2b'x+c=0$ の形の 2 次方程式では,

$$D = 4b'^2-4ac = 4(b'^2-ac)$$

ですから, 解を判別するのに, D のかわりに

$$\boldsymbol{\frac{D}{4} = b'^2-ac}$$

を用いることができます.

例　次の 2 次方程式の解を判別しなさい.

　　(1)　$9x^2-23x+16=0$　　　(2)　$9x^2-24x+16=0$

　　(3)　$9x^2-25x+16=0$

解　(1)　　　　$D = 23^2-4\cdot9\cdot16 = -47 < 0$

　　よって, 異なる 2 つの虚数解をもちます.

　　(2)　　　　　　$\dfrac{D}{4} = 12^2-9\cdot16 = 0$

　　よって, 重解をもちます.

　　(3)　　　　$D = 25^2-4\cdot9\cdot16 = 49 > 0$

　　よって, 異なる 2 つの実数解をもちます.

例　2 次方程式 $x^2-ax+(a+3)=0$ が重解をもつように定数 a の値を定めなさい. また, そのときの重解を求めなさい.

3.2 2次方程式と複素数　105

$\boxed{\text{解}}$　判別式を D とすると

$$D = a^2 - 4(a+3)$$
$$= a^2 - 4a - 12 = (a-6)(a+2)$$

となります．重解をもつのは $D=0$，すなわち

$$(a-6)(a+2) = 0$$

となるときです．この a についての2次方程式を解けば

$$a = 6, -2$$

これで，定数 a の値が定まりました．

そして，与えられた2次方程式の重解は，解の公式によって

$$a = 6 \text{ のとき，} \quad x = \frac{-(-6)}{2 \cdot 1} = 3$$

$$a = -2 \text{ のとき，} \quad x = \frac{-2}{2 \cdot 1} = -1$$

となります．

$\boxed{\text{問 8}}$　2次方程式 $x^2 + (a+4)x + (a^2+5) = 0$ が重解をもつように，定数 a の値を定めてください．また，そのときの重解を求めてください．

◆　解と係数の関係

2次方程式 $ax^2 + bx + c = 0$ の2つの解を α, β とすれば，解の公式によって

$$\alpha = \frac{-b + \sqrt{D}}{2a}, \quad \beta = \frac{-b - \sqrt{D}}{2a}$$

となります．ただし，$D = b^2 - 4ac$ は判別式です．そこで，これらの和と積を計算してみましょう．そうすると

$$\alpha + \beta = \frac{-b + \sqrt{D}}{2a} + \frac{-b - \sqrt{D}}{2a} = \frac{-2b}{2a} = -\frac{b}{a}$$

$$\alpha\beta = \frac{-b + \sqrt{D}}{2a} \cdot \frac{-b - \sqrt{D}}{2a} = \frac{(-b)^2 - (\sqrt{D})^2}{4a^2}$$

$$= \frac{b^2 - D}{4a^2} = \frac{b^2 - (b^2 - 4ac)}{4a^2} = \frac{4ac}{4a^2} = \frac{c}{a}$$

となります．

これで，2次方程式の解と係数との間には次の関係があることがわかりました．

106　③　数学の威力を発揮する──方程式

2次方程式の解と係数の関係

　2次方程式 $ax^2+bx+c=0$ の2つの解を α, β とすれば,

$$\alpha+\beta = -\frac{b}{a}, \qquad \alpha\beta = \frac{c}{a}$$

例　2次方程式 $2x^2+3x-4=0$ の2つの解を α, β とすると

$$\alpha+\beta = -\frac{3}{2}, \qquad \alpha\beta = \frac{-4}{2} = -2$$

です. また, これを用いて, たとえば

$$\alpha^2+\beta^2, \qquad \frac{\alpha^2}{\beta}+\frac{\beta^2}{\alpha}$$

などの式の値を求めることができます. すなわち

$$\alpha^2+\beta^2 = (\alpha+\beta)^2-2\alpha\beta = \left(-\frac{3}{2}\right)^2-2\cdot(-2) = \frac{25}{4}$$

$$\frac{\alpha^2}{\beta}+\frac{\beta^2}{\alpha} = \frac{\alpha^3+\beta^3}{\alpha\beta} = \frac{(\alpha+\beta)^3-3\alpha\beta(\alpha+\beta)}{\alpha\beta}$$

$$= \frac{\left(-\frac{3}{2}\right)^3-3\cdot(-2)\cdot\left(-\frac{3}{2}\right)}{-2} = \frac{99}{16}$$

　上の例の $\alpha^2+\beta^2, \dfrac{\alpha^2}{\beta}+\dfrac{\beta^2}{\alpha}$ などの式は, α, β を入れかえても変わりません. このように α, β についての整式あるいは分数式で, α, β を入れかえても変わらない式のことを, α, β についての**対称式**とよびます. 一般に, α, β についての対称式は, 適当に工夫すると $\alpha+\beta$ と $\alpha\beta$ を用いて表すことができます.（その一般的な証明は少し難しいのでここでは述べませんが, 簡単な式については上の例でもみたとおりです.）したがって, α, β がある2次方程式の2つの解ならば, α, β についての対称式は, その2次方程式の係数を用いて計算することができます.

問9　2次方程式 $2x^2-4x+5=0$ の2つの解を α, β とするとき, 次の値を求めてください.

(1)　$(\alpha-\beta)^2$　　(2)　$\alpha^3+\beta^3$

(3)　$\dfrac{1}{\alpha}+\dfrac{1}{\beta}$　　(4)　$\alpha^4-\alpha^2\beta^2+\beta^4$

問10　実数を係数とする2次方程式 $x^2+bx+2c=0$ の1つの解が $2+2i$ であるとき, 次の問に答えてください.

(1)　もう1つの解は何ですか.

（2） b, c の値は何ですか.

（3） 方程式 $x^2 + bx + c = 0$ の解は何ですか.

◆ 2次式の因数分解

因数分解によって 2 次方程式を解く方法はすでに知っていますが，逆に 2 次方程式の解を求めることによって，2 次式を因数分解することができます. すなわち次のことが成り立ちます.

> 2 次方程式 $ax^2 + bx + c = 0$ の 2 つの解を α, β とすれば，2 次式 $ax^2 + bx + c$ は
> $$ax^2 + bx + c = a(x - \alpha)(x - \beta)$$
> と因数分解される.

証明 解と係数の関係によって $\alpha + \beta = -\dfrac{b}{a}$, $\alpha\beta = \dfrac{c}{a}$ ですから

$$\begin{aligned}
ax^2 + bx + c &= a\left(x^2 + \frac{b}{a}x + \frac{c}{a}\right) \\
&= a\{x^2 - (\alpha + \beta)x + \alpha\beta\} \\
&= a(x - \alpha)(x - \beta)
\end{aligned}$$

例 2 次方程式を解くことによって，次の 2 次式を因数分解しなさい.

（1） $66x^2 - 25x - 25$　　（2） $x^2 + 6x + 3$

（3） $2x^2 - 8x + 9$

解　（1） $66x^2 - 25x - 25 = 0$ を解くと

$$x = \frac{25 \pm \sqrt{25^2 + 4 \cdot 66 \cdot 25}}{132} = \frac{25 \pm \sqrt{25 \cdot 289}}{132} = \frac{25 \pm 85}{132}$$

ゆえに　　　　　　　$x = \dfrac{5}{6}, \ -\dfrac{5}{11}$

したがって

$$\begin{aligned}
66x^2 - 25x - 25 &= 66\left(x - \frac{5}{6}\right)\left(x + \frac{5}{11}\right) \\
&= (6x - 5)(11x + 5)
\end{aligned}$$

（2） $x^2 + 6x + 3 = 0$ を解くと

$$x = -3 \pm \sqrt{3^2 - 3} = -3 \pm \sqrt{6}$$

したがって

$$\begin{aligned}
x^2 + 6x + 3 &= \{x - (-3 + \sqrt{6})\}\{x - (-3 - \sqrt{6})\} \\
&= (x + 3 - \sqrt{6})(x + 3 + \sqrt{6})
\end{aligned}$$

108　③　数学の威力を発揮する──方程式

(3)　$2x^2-8x+9=0$ を解くと

$$x=\frac{4\pm\sqrt{4^2-2\cdot9}}{2}=\frac{4\pm\sqrt{2}\,i}{2}$$

したがって

$$2x^2-8x+9=2\left(x-\frac{4+\sqrt{2}\,i}{2}\right)\left(x-\frac{4-\sqrt{2}\,i}{2}\right)$$

　上記の因数分解について，少し追記しておきましょう．前に 72～74 ページでも触れましたが，私達が第 2 章で考えた因数分解は"有理数の範囲における因数分解"でした．上の例の 3 つの 2 次式はどれも有理数を係数とする 2 次式ですが，これらのうち有理数の範囲で因数分解できるのは(1)だけです．(2)や(3)は有理数の範囲では因数分解できません．しかし，(2)の 2 次式は"実数の範囲"では因数分解できます．もっと正確にいえば，"実数を係数とする整式の範囲"で考えれば，因数分解ができます．(3)の 2 次式は実数の範囲でもなお因数分解できません．しかし，この 2 次式も"複素数の範囲"で考えれば，上のように因数分解することができます．

　第 2 章で紹介した既約，可約の語を用いれば，(2)や(3)の 2 次式は有理数の範囲では既約ですが，(2)の 2 次式は実数の範囲では可約です．(3)の 2 次式は実数の範囲においてもなお既約ですが，複素数の範囲では可約となるわけです．

　われわれはすでに，実数を係数とするどんな 2 次方程式も，複素数の範囲ではつねに解をもつことを知っています．したがって，107 ページの結果によれば，x についてのどんな 2 次式も

複素数の範囲では
必ず 2 つの 1 次式の積に因数分解できる

ということになります．すなわち，どんな 2 次式も複素数の範囲では必ず可約となるのです！

　なお，くり返すようですが，前ページの命題によれば，有理数を係数とする 2 次式 ax^2+bx+c が有理数の範囲で因数分解できるのは，2 次方程式 $ax^2+bx+c=0$ が有理数の解をもつ場合です．有理数の範囲では因数分解できないが実数の範囲では因数分解できるのは，この 2 次方程式が有理数でない実数解，すなわち無理数の解をもつ場合です．最後に，有理数の範囲でも実数の範囲でも因数分解できないが複素数の

3.2 2次方程式と複素数　　109

範囲では因数分解できるのは，この 2 次方程式が虚数解をも
つ場合です．

問11　次の 2 次式を複素数の範囲で因数分解してください．
(1)　$56x^2+89x+35$　　(2)　x^2-x-1
(3)　$9x^2+25$　　　　　(4)　$3x^2-4x+3$
(5)　$2x^2+14\sqrt{2}\,x+13$

問12　2 次方程式 $ax^2+bx+c=0$ の 2 つの解を α,β とすると，
x,y の 2 次式 $ax^2+bxy+cy^2$ は
$$ax^2+bxy+cy^2 = a(x-\alpha y)(x-\beta y)$$
と因数分解されることを証明してください．

　　例題　x^4-x^2-6 を次のおのおのの範囲で因数分解し
てください．
　(1)　有理数の範囲　　(2)　実数の範囲
　(3)　複素数の範囲
　$\boxed{\text{解}}$　それぞれ次のとおりになります．
(1)　$x^4-x^2-6 = (x^2-3)(x^2+2)$
(2)　$x^4-x^2-6 = (x+\sqrt{3})(x-\sqrt{3})(x^2+2)$
(3)　x^4-x^2-6
　　　$= (x+\sqrt{3})(x-\sqrt{3})(x+\sqrt{2}\,i)(x-\sqrt{2}\,i)$

問13　整式 x^4+x^2+1 を実数の範囲で因数分解してください．
　また，複素数の範囲で因数分解してください．

　少し話がもとにもどり，かつ小さい挿話的な話になります
が，ここで，有理数を係数とする 2 次式 ax^2+bx+c が有理
数の範囲で因数分解できるのはどういう場合であるかの結論
を述べておきましょう．有理数を係数とする 2 次式は，その
係数の分母を通分して共通の分母を k とすれば，$\frac{1}{k}\times$（整数
を係数とする 2 次式）と表されますから，最初から a,b,c は
整数であると仮定しても，問題の本質は変わりません．そこ
で以下 a,b,c は整数であると仮定します．そのとき，この 2
次式が有理数の範囲で因数分解できるのは，2 次方程式
$$ax^2+bx+c = 0$$
が有理数の解をもつ場合で，そのことは解の公式を考えてみ

ればすぐわかるように，$\sqrt{D}$ が有理数となる場合です．ただし $D = b^2 - 4ac$ は判別式で，この場合もちろんそれは整数です．したがって問題は，一般に整数 D に対して $\sqrt{D}$ が有理数となるのはどういうときか，ということになります．まず $\sqrt{D}$ が虚数となる場合は排除すべきですから，D は正の整数でなければなりません．そこで D は正の整数とします．もし D が平方数，すなわち正の整数の平方となる数 1, 4, 9, 16, 25, … ならば，もちろん $\sqrt{D}$ は $\sqrt{1} = 1$，$\sqrt{4} = 2$，$\sqrt{9} = 3$，$\sqrt{16} = 4$，$\sqrt{25} = 5$，… となって，これらは有理数——実は整数——です．そして，すぐあとに示すように，$\sqrt{D}$ が有理数となるのはこれらの場合に限ります．よってわれわれの結論は次のようになります．整数を係数とする 2 次式

$$ax^2 + bx + c$$

が有理数の範囲で因数分解できるのは，判別式 $D = b^2 - 4ac$ が平方数である場合，またその場合に限る．これがわれわれの結論です．

◆　**整数 D が平方数でなければ，$\sqrt{D}$ は無理数である！**

　上で，正の整数 D に対して $\sqrt{D}$ が有理数になるのは D が平方数の場合に限る，といいました．このことは，述べかえれば，正の整数 D が平方数でない場合には $\sqrt{D}$ は無理数である，ということになります．したがって

$$\sqrt{2},\ \sqrt{3},\ \sqrt{5},\ \sqrt{6},\ \sqrt{7},\ \sqrt{8},\ \sqrt{10},\ \sqrt{11},$$
$$\sqrt{12},\ \sqrt{13},\ \sqrt{14},\ \sqrt{15},\ \sqrt{17},\ \sqrt{18},\ \sqrt{19},\ \sqrt{20}$$

などはすべて無理数です．この事実は，もう何回かこの本の中でも述べてきました．しかし，$\sqrt{2}$ の場合を除けば，私はまだこのことを証明してはいませんでした．私達はいま，2 次式の因数分解という話題からこの問題にはいってきましたが，この当面の話題から離れても，この事実はずっと広い意味で興味のあるものです．それに私は，以前に，いつかどこかでこのことの"一般的な証明"を述べると読者に約束してきました．そこで私は，いまこの場所で，その証明を述べておくことにしようと思います．

　　　　D を平方数でない正の整数とすれば，
　　　　　　$\sqrt{D}$ は無理数である．

3.2 2次方程式と複素数 *111*

証明 背理法で証明します. かりに $\sqrt{D}$ が有理数である
として, それを既約分数の形に書いて

$$\sqrt{D} = \frac{m}{n} \qquad\qquad ①$$

とします. m, n はともに正の整数で, 互いに素です.
ここで $n=1$ ではありません. もしそうなら, $\sqrt{D}=m$
が整数となり, したがって $D=m^2$ で, D が平方数とな
ってしまうからです.

 さて, $\sqrt{D}$ は整数でない正の有理数ですから

$$l < \sqrt{D} < l+1 \quad \text{すなわち} \quad l < \frac{m}{n} < l+1$$

を満たす整数 l が存在します.（すでにわれわれの知っ
ている言葉によれば, この l は $\sqrt{D}$ の"整数部分"で
す.）上の右側の式の各辺に n を掛けると

$$nl < m < nl+n$$

となり, この各辺から nl を引くと

$$0 < m-nl < n \qquad\qquad ②$$

となります. さて, ①の分子と分母に $\sqrt{D}-l$ を掛けれ
ば

$$\sqrt{D} = \frac{m}{n} = \frac{m(\sqrt{D}-l)}{n(\sqrt{D}-l)} = \frac{m\sqrt{D}-ml}{n\sqrt{D}-nl}$$

となりますが, $n\sqrt{D}=m$ ですから, 上式のいちばん右
側の式の分子と分母はそれぞれ

$$m\sqrt{D}-ml = n\sqrt{D}\cdot\sqrt{D}-ml = nD-ml$$
$$n\sqrt{D}-nl = m-nl$$

となります. これで

$$\sqrt{D} = \frac{nD-ml}{m-nl}$$

という式が得られました. D は整数ですから, この分子
と分母は整数です. それゆえ, これは $\sqrt{D}$ の新しい"分
数表示"になっています. しかも, この分数では, ②に
よって, 分母の $m-nl$ は n よりも小さい正の整数です.
したがってまた, 当然分子は m よりも小さい正の整数
でなければなりません. これで $\sqrt{D}$ は分子, 分母がそれ
ぞれ m, n より小さい分数として表されることがわかり
ました. しかしこのことは $\frac{m}{n}$ が既約分数であるとした
仮定とは明らかに両立しない結果です. 以上で矛盾が導

かれました．ゆえに $\sqrt{D}$ は有理数ではありません．すなわち無理数です．

この証明はたいへん巧妙です．そして，とくに理解に困難というところもないように思います．（もし読者が難しいと思われるならば——くり返していうようですが——気楽に読み流してください．）しかし，この証明は巧妙で，何ら特別な知識も必要としませんが，そのかわり，思いがけないような着想を必要としています．実際，$\sqrt{D}$ の"整数部分" l を考えたり，$\sqrt{D}=\dfrac{m}{n}$ と仮定した式の分子と分母に $\sqrt{D}-l$ を掛けるというようなことは，ちょっと思いつきにくいことです．この証明は，ふしぎな"思いつき"とそれがもたらした幸運な結果です！ そこで諸君はこう自問することになるでしょう．こんな"思いつき"を要せず，もっと自然に得られる証明はないか？ それについては，私はまた後に述べることにしましょう．

◆ 2数を解とする方程式

上では少しわき道にそれましたが，ふたたび本道にもどります．2次方程式の最後に1つちょっとしたことをつけ加えて，この節を終わることにしましょう．

今までは，もっぱら2次方程式の解を求めることを取り扱ってきました．逆に2つの数 α, β が与えられたとき，それらを解にもつ2次方程式はどんなものか？ この答はすこぶる簡単です．すなわち，その2次方程式は

$$(x-\alpha)(x-\beta) = 0$$

すなわち

$$x^2 - (\alpha+\beta)x + \alpha\beta = 0$$

です．$\alpha+\beta=p$, $\alpha\beta=q$ とおけば，これは

$$x^2 - px + q = 0$$

あるいは，それに0でない任意の定数 a を掛けて

$$a(x^2 - px + q) = 0$$

と書くことができます．

この2次方程式はまた，α, β それ自身でなくとも，それらの和 p と積 q とが与えられたときの α, β を解とする2次方程式とも考えることができます．

例 $2+\sqrt{5}, 2-\sqrt{5}$ を解とする2次方程式は

$$(2+\sqrt{5})+(2-\sqrt{5})=4$$
$$(2+\sqrt{5})(2-\sqrt{5})=-1$$

ですから $x^2-4x-1=0$ です.

例 2次方程式 $ax^2+bx+c=0$ の2つの解を α,β とすると, 解と係数の関係によって

$$\alpha+\beta=-\frac{b}{a}, \qquad \alpha\beta=\frac{c}{a}$$

よって

$$(-\alpha)+(-\beta)=\frac{b}{a}, \qquad (-\alpha)(-\beta)=\frac{c}{a}$$

ゆえに, $-\alpha,-\beta$ を解とする2次方程式は

$$x^2-\frac{b}{a}x+\frac{c}{a}=0$$

すなわち $ax^2-bx+c=0$ です.

また $c\neq0$ のとき,

$$\frac{1}{\alpha}+\frac{1}{\beta}=\frac{\alpha+\beta}{\alpha\beta}=\left(-\frac{b}{a}\right)\div\frac{c}{a}=-\frac{b}{c}$$

$$\frac{1}{\alpha}\cdot\frac{1}{\beta}=\frac{1}{\alpha\beta}=\frac{a}{c}$$

ゆえに, $\dfrac{1}{\alpha},\dfrac{1}{\beta}$ を解とする2次方程式は

$$x^2-\left(-\frac{b}{c}\right)x+\frac{a}{c}=0$$

すなわち $cx^2+bx+a=0$ です.

問14 2次方程式 $2x^2-4x+5=0$ の2つの解を α,β とするとき, 次の2つの数を解とする2次方程式を求めてください.

(1) $\alpha+3,\ \beta+3$ (2) $\alpha^2,\ \beta^2$ (3) $\dfrac{1}{2\alpha-1},\ \dfrac{1}{2\beta-1}$

3.3 高次方程式

私達はすでに1次方程式, 2次方程式について学びました. そこでさらに進む先は, もっと高次の方程式です.

一般に, n を正の整数とするとき,

$$(x \text{ の } n \text{ 次式})=0$$

の形に表される方程式を x についての **n 次方程式** といいます. $n=1,2$ のときには, 私達は直ちに方程式を解くことができます. 2次方程式の解法は私達がいま習得してきたばか

114   ③ 数学の威力を発揮する——方程式

りです．しかし，$n \geqq 3$ の場合には，世界は一変します．私達はもう"ばら色の世界"を望むことはできません．3次以上の方程式を解くことは，通常すこぶる困難です．理論的な話はべつにして実際に体験する立場からいうと，例外的な恵まれた場合を除けば，私達はこうした方程式を解くことができません．簡単に解が得られるのは，全体的にみれば小さい，例外的な場合です．しかし，例外的といっても，そうした場合はやはり私達にとって貴重なものです．では，どういう場合に簡単に解が得られるのか？　私はまず，その解の見つけ方の基礎となる1つの原理から話を始めることにしましょう．

◆　剰余の定理

　以後この節では，私達は x についての整式を $P(x), Q(x)$ などの文字で表すことにします．また，たとえば x に $3, -1$ を代入したときの $P(x)$ の値を $P(3), P(-1)$ という記号で表します．

　たとえば，
$$P(x) = x^3 - 2x^2 + x + 4$$
としましょう．そのとき
$$P(3) = 3^3 - 2 \cdot 3^2 + 3 + 4 = 27 - 18 + 3 + 4 = 16,$$
$$P(-1) = (-1)^3 - 2 \cdot (-1)^2 + (-1) + 4$$
$$= -1 - 2 - 1 + 4 = 0$$
です．

　さて，いま $P(x)$ を1つの整式とし，a を1つの数とします．$P(x)$ を1次式 $x - a$ で割る割り算を考えると，余りの次数は1より小さいから，それは定数となります．そこでその余りを R とし，割り算の商を $Q(x)$ とすると
$$P(x) = (x - a)Q(x) + R$$
という等式が成り立ちます．この両辺は"等しい"整式です．したがって両辺の x に同じ数を代入したときには，両辺の値は当然等しくなります．とくに両辺の x に数 a を代入すると
$$P(a) = (a - a)Q(a) + R$$
となり，$(a - a)Q(a) = 0 \cdot Q(a) = 0$ ですから
$$P(a) = R$$
となります．すなわち，余り R は $P(x)$ の x に a を代入し

たときの値に等しいのです．この事実を私達は**剰余の定理**
（じょうよのていり）と呼んでいます．

剰余の定理　整式 $P(x)$ を 1 次式 $x-\alpha$ で割ったとき
の余りを R とすれば，$\boldsymbol{R=P(\alpha)}$ である．

例　$P(x)=x^3-2x^2+x+4$ とすると，上に計算したように
$$P(3)=16$$
です．ゆえに $P(x)$ を $x-3$ で割ったときの余りは 16
となります．

　念のために，$P(x)$ を実際に $x-3$ で割り算して，この
結論を確かめてみましょう．

$$
\begin{array}{r}
x^2+\ x+\ 4 \\
x-3\overline{)x^3-2x^2+\ x+\ 4} \\
\underline{x^3-3x^2} \\
x^2+\ x \\
\underline{x^2-3x} \\
4x+\ 4 \\
\underline{4x-12} \\
16 \ \cdots 余り
\end{array}
$$

この結果はたしかに $P(3)$ と一致しています！

　応用上は剰余の定理をもう少し一般化した形にしておいた
ほうが便利です．すなわち，整式 $P(x)$ を 1 次式 $ax+b$ で
割ったときの商を $Q(x)$，余りを R とすると，
$$P(x)=(ax+b)Q(x)+R$$
この等式の両辺の x に $-\dfrac{b}{a}$ を代入すれば
$$P\left(-\frac{b}{a}\right)=R$$
よって

整式 $\boldsymbol{P(x)}$ を 1 次式 $\boldsymbol{ax+b}$ で割ったとき余りは $\boldsymbol{P\left(-\dfrac{b}{a}\right)}$

となります．

問 15　整式 $x^3+2x^2-3x-10$ を x, $x-1$, $x+1$, $x-2$, $x+2$,
$x-3$, $x+3$ で割ったときの余りをそれぞれ求めてください．

問 16　整式 $4x^3-2x^2-9$ を $2x-1$, $2x+1$, $2x-3$, $2x+3$ で割
ったときの余りをそれぞれ求めてください．

　例題　整式 $P(x)$ を $x-2$ で割ると 3 余り，$x+5$ で割
ると -11 余ります．この整式 $P(x)$ を $(x-2)(x+5)$

で割ったときの余りは何になりますか？

解　$(x-2)(x+5)$ は 2 次式ですから，これで $P(x)$ を割ったときの余りは 1 次以下の整式です．ゆえにその余りは $ax+b$ の形に書くことができます．したがって，商を $Q(x)$ とすると

$$P(x) = (x-2)(x+5)Q(x)+ax+b$$

という等式が成り立ちます．この等式の両辺の x に 2，-5 をそれぞれ代入すると

$$P(2) = 2a+b$$
$$P(-5) = -5a+b$$

となりますが，仮定によって $P(2)=3$，$P(-5)=-11$ ですから，

$$2a+b = 3$$
$$-5a+b = -11$$

という 2 つの等式が得られます．これら 2 つの等式は a, b についての連立方程式となっていて，これを解くと $a=2$，$b=-1$ となります．したがって，求める余りは $2x-1$ です．

問 17　整式 $P(x)$ を $x+1$ で割ると 6 余り，$2x-1$ で割ると 3 余ります．$P(x)$ を $2x^2+x-1$ で割ったときの余りを求めてください．

◆　**因数定理**

剰余の定理によって，整式 $P(x)$ を $x-a$ で割ったときの余り R は $R=P(a)$ です．整式 $P(x)$ が $x-a$ で割り切れるのはこの余り R が 0 となる場合にほかなりませんから，次の定理が得られます．これを**因数定理**とよびます．

> **因数定理**
> **整式 $P(x)$ が $x-a$ で割り切れる $\Longleftrightarrow P(a)=0$**

すなわち，整式 $P(x)$ が $x-a$ で割り切れる——べつの表現をすれば $x-a$ が $P(x)$ の因数である——のは，$P(a)=0$ となるときであり，またそのときに限るのです．

もっと一般に，整式 $P(x)$ を 1 次式 $ax+b$ で割ったときの余りは $P\left(-\dfrac{b}{a}\right)$ でしたから，次のことが成り立ちます．

3.3 高次方程式 117

整式 $P(x)$ が $ax+b$ で割り切れる $\Longleftrightarrow P\left(-\dfrac{b}{a}\right)=0$

もちろん，これも因数定理とよんでさしつかえありません．

例 $P(x)=3x^3-13x^2+8x+12$ とすると，

$$P(3) = 3\cdot 3^3-13\cdot 3^2+8\cdot 3+12$$
$$= 81-117+24+12 = 0$$

$$P\left(-\frac{2}{3}\right) = 3\cdot\left(-\frac{2}{3}\right)^3-13\cdot\left(-\frac{2}{3}\right)^2+8\cdot\left(-\frac{2}{3}\right)+12$$

$$= -\frac{8}{9}-\frac{52}{9}-\frac{16}{3}+12 = 0$$

ゆえに $P(x)$ は $x-3,\ 3x+2$ で割り切れます．一方

$$P(-2) = 3\cdot(-2)^3-13\cdot(-2)^2+8\cdot(-2)+12$$
$$= -24-52-16+12 = -80$$

ですから，$x+2$ は $P(x)$ の因数ではありません．

例 整式 $P(x)=x^3-4x^2-10x+a$ が $x+2$ で割り切れるのは，定数 a がどういう値をとるときですか？

この解答はきわめて簡単です．すなわち $P(-2)=0$ となるときです．

$$P(-2) = (-2)^3-4\cdot(-2)^2-10\cdot(-2)+a$$
$$= -8-16+20+a = a-4$$

ですから，$a=4$ とすれば $P(x)$ は $x+2$ で割り切れます．

問18 3つの整式 $P(x)=x^3-3x+2$, $Q(x)=x^3+x+10$, および $R(x)=x^4+3x^2-4$ があります．これらのうち，$x-1$ を因数にもつものはどれですか？ $x+1$ を因数にもつものはどれですか？ $x+2$ を因数にもつものはどれですか？

問19 $P(x)=x^3-6x^2+kx+6k$ が $x-3$ で割り切れるように定数 k の値を定めてください．また，$x+2$ で割り切れるように定数 k の値を定めてください．

例題 a,b は2つの異なる定数で，整式 $P(x)$ は $x-a,\ x-b$ のそれぞれを因数にもっています．このとき，$P(x)$ は $(x-a)(x-b)$ で割り切れることを証明してください．

証明 $P(x)$ は $x-a$ で割り切れますから，

$$P(x) = (x-a)\,Q(x) \qquad\qquad ①$$

と書くことができます。ここに $Q(x)$ はある整式です．
この等式の x に b を代入すると

$$P(b) = (b-a)Q(b)$$

となりますが，$P(x)$ は $x-b$ でも割り切れますから，
左辺の $P(b)$ は 0 に等しい．よって $(b-a)Q(b)=0$ と
なります．仮定によって $a \neq b$ ですから $b-a$ は 0 では
ありません．したがって

$$Q(b) = 0$$

となり，$Q(x)$ は $x-b$ で割り切れます．ゆえに，$Q(x)$
はある整式 $R(x)$ によって

$$Q(x) = (x-b)R(x) \qquad ②$$

と表され，① と ② から

$$P(x) = (x-a)(x-b)R(x)$$

となります．これで，$P(x)$ は $(x-a)(x-b)$ で割り切
れることが証明されました．

問20 整式 $P(x)=x^3+px^2+qx+6$ が x^2-4 で割り切れるよ
うに，定数 p, q の値を定めてください．

◆ **因数分解への応用**

　因数定理の直接的な効用は，因数分解に現れます．実際，
整式 $P(x)$ の x に数 α を代入し，値 $P(\alpha)$ を計算して，もし
それが 0 となるならば，$P(x)$ は $x-\alpha$ を因数にもつからで
す．

　しかし，何の成算もなしに，ただやみくもに $P(\alpha)$ を計算
してみても効果はありません．そこで，$P(\alpha)=0$ となるよう
な数 α をどうやって見つけるか？　それが問題になります．
私は，実際に私達が出会うような場合にだけ問題を限定しま
しょう．因数定理の因数分解への応用で，私達が現実に取り
扱うのは，主として整数を係数とする整式です．$P(x)$ がそ
のような整式のとき，"有理数の範囲で"この整式の 1 次の因
数をみつけたい——これが現実に生ずる要求です．それには，
$P(\alpha)=0$ となるような "有理数" α をみつければよろしい．
では，どんな有理数がそのような α の候補となり得るのか？
私達はその解答を知りたいのです．

　私は次に，その解答を，端的に，結論的に述べることにし

ましょう．すなわち，そのような有理数 α は——もし見つけられるとしたら——次のような数のうちから見つけられます．（私はここでは結論だけを述べ，その結論の根拠まで厳密に論ずることはしません．それは意外に面倒なところもあるからです．しかし，読者はおそらく，以下の記述を，ごく自然なこととして，直感的に理解されることでしょう．）

最初に，整式 $P(x)$ の最高次の係数が 1 で定数項が q である場合を考えます．このとき，もし $P(x)$ が有理数の範囲で 1 次の因数 $x-\alpha$ をもつならば，α は整数でしかも q の約数でなければなりません．たとえば，$P(x)$ が

$$P(x) = x^4 + \boxed{}x^3 + \boxed{}x^2 + \boxed{}x + 6$$

という整式であったとしましょう．（ここで $\boxed{}$ の部分の係数は——何でもよいが——とにかく整数です．）このとき，定数項 6 の約数は $\pm1, \pm2, \pm3, \pm6$ です．これらが α となりうる数の候補です．よって $P(1), P(-1), P(2), P(-2)$，$P(3), P(-3), P(6), P(-6)$ の値を計算して，もしそれらのうちに 0 となるものがあるならば，$P(x)$ は有理数の範囲で 1 次の因数をもちます．もし，これらがどれも 0 にならなければ，$P(x)$ は有理数の範囲では 1 次の因数をもちません．（実際上その場合には——他にうまい方法がなければ——私達は因数分解をあきらめざるを得ません．）

もっと一般に，整式 $P(x)$ の係数が整数で，最高次の係数が p，定数項が q であったとしましょう．その場合，$P(x)$ が有理数の範囲で 1 次の因数をもつかどうかは，a, b を，それぞれ p, q の約数で，しかも互いに素である整数として，$ax+b$ の形の因数があるかどうかを考えればよいのです．すなわち，a, b をそのような整数として $P\left(-\dfrac{b}{a}\right)$ が 0 となるかどうかを調べればよろしい．たとえば，

$$P(x) = 2x^3 + \boxed{}x^2 + \boxed{}x - 1$$

ならば（$\boxed{}$ の中は整数），2 の約数は $\pm1, \pm2$，また -1 の約数は ±1 ですから，この場合私達は $P(1), P(-1), P\left(\dfrac{1}{2}\right)$，$P\left(-\dfrac{1}{2}\right)$ の 4 つの値を計算してみることになります．もしこれらのうちに 0 となるものがあり，たとえば $P\left(\dfrac{1}{2}\right)=0$ となったとすれば，$P(x)$ は 1 次の因数 $2x-1$ をもちます．もし，上の 4 つの値がどれも 0 とならなければ，私達はちょっと悲しげに "だめだ" とつぶやいて，因数分解をあきらめま

120 ③ 数学の威力を発揮する——方程式

す．そのとき，$P(x)$ は有理数の範囲では 1 次の因数をもちません．

例 有理数の範囲で $P(x)=x^4-6x^2+7x-6$ を因数分解しなさい．

解 $P(2)$ を計算すると
$$P(2) = 2^4-6\cdot2^2+7\cdot2-6 = 16-24+14-6 = 0$$

となりますから，$P(x)$ は $x-2$ で割り切れます．実際に割り算を実行すると
$$P(x) = (x-2)(x^3+2x^2-2x+3)$$

となります．（下に書いた計算をみてください．）そこで，次に $Q(x)=x^3+2x^2-2x+3$ について，$Q(-3)$ を計算すると
$$Q(-3) = (-3)^3+2\cdot(-3)^2-2\cdot(-3)+3$$
$$= -27+18+6+3 = 0$$

したがって，$Q(x)$ は $x+3$ で割り切れて
$$Q(x) = (x+3)(x^2-x+1)$$

となります．（これも下の計算をみてください．）

$$
\begin{array}{r}
x^3+2x^2-2x+3 \\
x-2\,)\overline{x^4-6x^2+7x-6} \\
\underline{x^4-2x^3} \\
2x^3-6x^2 \\
\underline{2x^3-4x^2} \\
-2x^2+7x \\
\underline{-2x^2+4x} \\
3x-6 \\
\underline{3x-6} \\
0
\end{array}
\qquad
\begin{array}{r}
x^2-x+1 \\
x+3\,)\overline{x^3+2x^2-2x+3} \\
\underline{x^3+3x^2} \\
-x^2-2x \\
\underline{-x^2-3x} \\
x+3 \\
\underline{x+3} \\
0
\end{array}
$$

ゆえに
$$P(x) = (x-2)(x+3)(x^2-x+1)$$

これが求める因数分解です．

例 有理数の範囲で $P(x)=2x^3+x^2+x-1$ を因数分解しなさい．

解 $P\left(\dfrac{1}{2}\right)$ を計算すると
$$P\left(\frac{1}{2}\right) = 2\cdot\left(\frac{1}{2}\right)^3+\left(\frac{1}{2}\right)^2+\frac{1}{2}-1 = \frac{1}{4}+\frac{1}{4}+\frac{1}{2}-1 = 0$$

これは幸運です！　うまくいきました！　したがって $P(x)$ は $2x-1$ で割り切れます．実際に割り算を実行すると

$$P(x) = 2x^3 + x^2 + x - 1$$
$$= (2x-1)(x^2 + x + 1)$$

となります．

$$\begin{array}{r} x^2+\ x\ +1 \\ 2x-1\overline{)2x^3+\ x^2+\ x-1} \\ \underline{2x^3-\ x^2} \\ 2x^2+\ x \\ \underline{2x^2-\ x} \\ 2x-1 \\ \underline{2x-1} \\ 0 \end{array}$$

問21 次の整式を(有理数の範囲で)因数分解してください．

(1) $x^3 - 7x - 6$ (2) $x^3 - 6x^2 - 5x + 2$

(3) $2x^3 + x^2 - 8x - 4$ (4) $2x^3 - x^2 + x + 1$

◈ 高次方程式の解法

この節の最初にもいったように，3次以上の方程式 $P(x)$ $=0$ を解くことは，一般には非常に困難です．しかし，もしある幸運な事情によって $P(x)$ を1次式や2次式の積に因数分解することができれば，解を求めることは簡単です．前項に述べた因数分解は，この意味で高次方程式を解く問題に直結しています．

以下に高次方程式を解くいくつかの例をあげましょう．はじめの2つの例はとくに因数定理を必要としません．

例 方程式 $x^3 = 1$ を解きなさい．

解 1を左辺に移項すると $x^3 - 1 = 0$ となり，この左辺を因数分解すると

$$(x-1)(x^2 + x + 1) = 0$$

となります．よって

$$x - 1 = 0 \quad \text{または} \quad x^2 + x + 1 = 0$$

ゆえに

$$x = 1 \quad \text{または} \quad x = \frac{-1 \pm \sqrt{3}\,i}{2}$$

$$\langle 答 \rangle \quad x = 1,\ x = \frac{-1 \pm \sqrt{3}\,i}{2}$$

上の例の方程式の3つの解を，1の**3乗根**または**立方根**とよびます．それは3乗(立方)して1となる数という意味です．1の立方根のうち1だけが実数で，他の2つは虚数です．

問22 虚数の立方根の1つを——どちらでもよいのですが，たとえば $\dfrac{-1 + \sqrt{3}\,i}{2}$ を——ω(オメガ)で表すことにすると，他の虚数の立方根は ω^2 となることを示してください．

問23 前問の ω に対して $\omega^2 + \omega + 1 = 0$ となることを確かめて

122　③　数学の威力を発揮する——方程式

ください.

問24　次の方程式を解いてください.
(1)　$x^3 = 8$　　(2)　$x^3 = -1$　　(3)　$x^3 = -8$

問25　一般に, a を 0 でない実数とするとき, 方程式 $x^3 = a^3$ の解は $a, a\omega, a\omega^2$ であることを示してください.

例　次の方程式を解きなさい.
(1)　$x^4 - x^2 - 12 = 0$　　(2)　$x^4 + 4 = 0$

解　(1)　左辺を因数分解すると
$$(x^2 - 4)(x^2 + 3) = 0$$
$$x^2 - 4 = 0 \quad \text{または} \quad x^2 + 3 = 0$$
したがって
$$x = \pm 2 \quad \text{または} \quad x = \pm\sqrt{3}\, i$$
〈答〉　$x = \pm 2, \ \pm\sqrt{3}\, i$

(2)　$x^4 + 4 = (x^4 + 4x^2 + 4) - 4x^2 = (x^2 + 2)^2 - (2x)^2$ ですから, 左辺を因数分解すると
$$(x^2 - 2x + 2)(x^2 + 2x + 2) = 0$$
$$x^2 - 2x + 2 = 0 \quad \text{または} \quad x^2 + 2x + 2 = 0$$
$x^2 - 2x + 2 = 0$　を解くと　$x = 1 \pm i$
$x^2 + 2x + 2 = 0$　を解くと　$x = -1 \pm i$
〈答〉　$x = 1 \pm i, \ -1 \pm i$

問26　次の方程式を解いてください.
(1)　$x^4 = 1$　　(2)　$x^4 + 2x^2 - 15 = 0$

次の例では因数定理が応用されます.

例　次の方程式を解きなさい.
(1)　$x^3 - 8x - 8 = 0$　　(2)　$x^3 - x^2 - 8x + 12 = 0$

解　(1)　$P(x) = x^3 - 8x - 8$ とおくと
$$P(-2) = (-2)^3 - 8 \cdot (-2) - 8 = 0$$
ゆえに $P(x)$ は $x + 2$ で割り切れて
$$P(x) = (x + 2)(x^2 - 2x - 4)$$
よって
$$(x + 2)(x^2 - 2x - 4) = 0$$
$$x + 2 = 0 \quad \text{または} \quad x^2 - 2x - 4 = 0$$
〈答〉　$x = -2, \ 1 \pm \sqrt{5}$

$$
\begin{array}{r}
x^2 - 2x\ -4 \\
x+2\,\overline{)\,x^3 \qquad -8x - 8} \\
\underline{x^3 + 2x^2} \\
-2x^2 - 8x \\
\underline{-2x^2 - 4x} \\
-4x - 8 \\
\underline{-4x - 8} \\
0
\end{array}
$$

（2）　$P(x) = x^3 - x^2 - 8x + 12$ とおくと

$$P(2) = 2^3 - 2^2 - 8 \cdot 2 + 12 = 0$$

ゆえに $P(x)$ は $x - 2$ で割り切れて

$$\begin{aligned}
P(x) &= (x-2)(x^2 + x - 6) \\
&= (x-2)(x-2)(x+3) \\
&= (x-2)^2(x+3)
\end{aligned}$$

よって　　　　　$(x-2)^2(x+3) = 0$

$$(x-2)^2 = 0 \quad \text{または} \quad x+3 = 0$$

〈答〉　$x = 2, \ -3$

$$\begin{array}{r}
x^2 + x - 6 \\
x-2 \overline{)\, x^3 - x^2 - 8x + 12} \\
\underline{x^3 - 2x^2} \\
x^2 - 8x \\
\underline{x^2 - 2x} \\
-6x + 12 \\
\underline{-6x + 12} \\
0
\end{array}$$

上の例の(2)の方程式は左辺を因数分解した形で書くと

$$(x-2)^2(x+3) = 0$$

となっています．このようなとき，この方程式の解 2 を **2重解** とよびます．このことをはっきりさせるために，〈答〉を "$x = 2$（2重解），-3" または "$x = 2, \ 2, \ -3$" のように書くことがあります．

　同様に，たとえば方程式 $(x+1)^3(x-4) = 0$ では，解 -1 は **3重解** です．2重解，3重解，… は，それぞれ，2つの解，3つの解，… と考えることもあります．

例　方程式 $x^4 - 5x^2 - 10x - 6 = 0$ を解きなさい．

$\boxed{解}$　$P(x) = x^4 - 5x^2 - 10x - 6$ とおくと

$$P(-1) = (-1)^4 - 5 \cdot (-1)^2 - 10 \cdot (-1) - 6 = 0$$

よって $P(x)$ は $x + 1$ で割り切れ，商を $Q(x)$ とすると

$$Q(x) = x^3 - x^2 - 4x - 6$$

さらに

$$Q(3) = 3^3 - 3^2 - 4 \cdot 3 - 6 = 0$$

ゆえに $Q(x)$ は $x - 3$ で割り切れて，商は $x^2 + 2x + 2$．

したがって　　$P(x) = (x+1)(x-3)(x^2 + 2x + 2)$

ゆえに　　　　$(x+1)(x-3)(x^2 + 2x + 2) = 0$

$$x+1 = 0 \quad \text{または} \quad x-3 = 0 \quad \text{または} \quad x^2 + 2x + 2 = 0$$

〈答〉　$x = -1, \ 3, \ -1 \pm i$

$$\begin{array}{r}
x^3 - x^2 - 4x - 6 \\
x+1 \overline{)\, x^4 \qquad - 5x^2 - 10x - 6} \\
\underline{x^4 + x^3} \\
-x^3 - 5x^2 \\
\underline{-x^3 - x^2} \\
-4x^2 - 10x \\
\underline{-4x^2 - 4x} \\
-6x - 6 \\
\underline{-6x - 6} \\
0
\end{array}$$

$$\begin{array}{r}
x^2 + 2x + 2 \\
x-3 \overline{)\, x^3 - x^2 - 4x - 6} \\
\underline{x^3 - 3x^2} \\
2x^2 - 4x \\
\underline{2x^2 - 6x} \\
2x - 6 \\
\underline{2x - 6} \\
0
\end{array}$$

$\boxed{問27}$　次の方程式を解いてください．

（1）　$x^3 - 4x + 3 = 0$　　　　　（2）　$x^3 - 4x^2 - 3x + 18 = 0$

（3）　$2x^3 - 4x^2 - 3x + 6 = 0$　　（4）　$2x^3 - x^2 + x + 1 = 0$

（5）　$x^4 + 2x^3 + 3x^2 - 2x - 4 = 0$

（6）　$x^4 - 4x^2 + 16x + 32 = 0$

次の例は有理数の範囲では因数分解できないけれども，われわれがこれまでに得ている知識によって容易に解くことができる方程式です．

例 方程式 $x^4 = -1$ を解きなさい．

解 -1 を左辺に移項すると
$$x^4 + 1 = 0$$
左辺の 4 次式 $x^4 + 1$ は有理数の範囲では因数分解できませんが，実数の範囲では
$$\begin{aligned}x^4 + 1 &= (x^2+1)^2 - (\sqrt{2}\,x)^2 \\ &= (x^2 - \sqrt{2}\,x + 1)(x^2 + \sqrt{2}\,x + 1)\end{aligned}$$
と因数分解できます．したがって，与えられた方程式は
$$x^2 - \sqrt{2}\,x + 1 = 0 \quad \text{または} \quad x^2 + \sqrt{2}\,x + 1 = 0$$
となり，解の公式によって $x^2 - \sqrt{2}\,x + 1 = 0$ を解けば
$$x = \frac{\sqrt{2} \pm \sqrt{(\sqrt{2})^2 - 4}}{2} = \frac{\sqrt{2} \pm \sqrt{2}\,i}{2}$$
同様に $x^2 + \sqrt{2}\,x + 1 = 0$ を解けば $x = \dfrac{-\sqrt{2} \pm \sqrt{2}\,i}{2}$

〈答〉 $x = \dfrac{\sqrt{2} \pm \sqrt{2}\,i}{2},\ \dfrac{-\sqrt{2} \pm \sqrt{2}\,i}{2}$

問 28 方程式 $x^4 = -9$ を解いてください．

最後に少し応用問題の例をあげておきましょう．

例題 大きさが異なる 4 つの立方体があり，2 番め，3 番め，4 番めの立方体の 1 辺は 1 番めの立方体の 1 辺よりそれぞれ 1 cm, 2 cm, 3 cm 長く，そして 1 番め，2 番め，3 番めの立方体の体積の和は 4 番めの立方体の体積に等しくなっています．これらの 4 つの立方体の 1 辺の長さを求めてください．

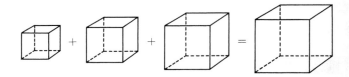

解 1 番めの立方体の 1 辺の長さを x cm とすると，2 番め，3 番め，4 番めの立方体の 1 辺の長さはそれぞれ $x+1$, $x+2$, $x+3$ cm となりますから，題意によって

$$x^3+(x+1)^3+(x+2)^3 = (x+3)^3$$
という方程式が得られます．よって
$$x^3+(x^3+3x^2+3x+1)+(x^3+6x^2+12x+8)$$
$$= x^3+9x^2+27x+27$$
右辺を左辺に移項して整理し，2で割ると
$$x^3-6x-9 = 0$$
となります．左辺は $x-3$ で割り切れて
$$(x-3)(x^2+3x+3) = 0$$
ゆえに $\qquad x = 3, \dfrac{-3\pm\sqrt{3}\,i}{2}$

　ここで虚数の解はもちろん題意に適しません．したがって $x=3$ であり，4つの立方体の1辺の長さは <u>3 cm，4 cm，5 cm，6 cm</u> となります．

　ついでながら，上の例題の結果によれば，
$$\mathbf{3^3+4^3+5^3 = 6^3}$$
です！（読者は実際に両辺を計算してたしかに等しいことを確かめてください．）$3^2+4^2=5^2$ という等式は有名で，ほとんどの人が知っています．上の等式は，それに劣らず簡単で興味のあるものですが，多くの人が知っているとはいえません．読者はこれを記憶しておかれるとよいでしょう．

例題 縦が12 cm，横が16 cmの長方形の厚紙の四すみから，右の上の図のように1辺が x cm の正方形を切り落とし，点線に沿って折りまげて下の図のような直方体を作ったら，その容積が180 cm³ となりました．x の値は何か，求めてください．

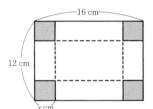

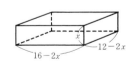

解 下の図の直方体の底面の縦は $(12-2x)$ cm，横は $(16-2x)$ cm，高さは x cm ですから，題意によって
$$x(12-2x)(16-2x) = 180$$
となります．左辺を展開して整理すると
$$x^3-14x^2+48x-45 = 0$$
$$(x-3)(x^2-11x+15) = 0$$
ゆえに　$x = 3$　または　$x = \dfrac{11\pm\sqrt{61}}{2}$

　ところで，x はもちろん正の数で，また $12-2x>0$ でなければなりませんから，x は不等式
$$0 < x < 6$$

126　③　数学の威力を発揮する──方程式

を満たしていなければなりません．上に得た x の3つ
の値のうち，3と $\dfrac{11-\sqrt{61}}{2}$ はこの不等式を満たします
が，$\dfrac{11+\sqrt{61}}{2}$ は満たしていません．ゆえに答は次のよう
になります．

〈答〉　$x = 3$ または $\dfrac{11-\sqrt{61}}{2}$

問29　上の例題で容積が $128\,\mathrm{cm}^3$ となるときの x の値を求め
てください．

◆　方程式の解の個数，代数学の基本定理

　今まで例，例題，問などで3次方程式，4次方程式を解いて
きましたが，その体験からわかるように，3次方程式の解は3
個以下，4次方程式の解は4個以下です．
　一般に，

n 次方程式の解は n 個以下

です．このことをあらためてきちんと考えなおしておくこと
にしましょう．ただし，方程式 $P(x)=0$ において，$P(x)$ は
今までどおり実数係数の整式とし，解はさしあたり“実数解”
を考えることにします．また，解の個数というのは“相異な
る解の個数”の意味であるとしておきます．
　まず $P(x)$ が1次式ならば，1次方程式 $P(x)=0$ の解は
もちろん1個です．また $P(x)$ が2次式ならば，2次方程式
$P(x)=0$ の解は2個以下（重解の場合は1個，虚数解の場合
は0個）です．3次方程式 $P(x)=0$ は必ず少なくとも1つの
実数解をもちますが──このことはたぶん本講義のずっとあ
とのほうで証明することになるでしょう──，その1つの実
数解を α とすると，$P(x)$ は $P(x)=(x-\alpha)Q(x)$ と因数分
解され，方程式 $P(x)=0$ の解は α と $Q(x)=0$ の解です．
ここで $Q(x)$ は2次式ですから，方程式 $Q(x)=0$ の解は2
個以下で，したがって方程式 $P(x)=0$ の解は3個以下とな
ります．4次方程式 $P(x)=0$ は実数解をまったくもたない
こと，すなわち解（実数解）が0個であることもあります．し
かし，もし1つの実数解 α をもつとすると，前と同じように
$P(x)=(x-\alpha)Q(x)$ と因数分解され，3次方程式 $Q(x)=$
0 の解は3個以下ですから，方程式 $P(x)=0$ の解は4個以

下となります．以下，5次方程式，6次方程式，… について，同様の議論を続ければ，一般に"n 次方程式の解は n 個以下"であることがわかります．

　なおついでに述べておきますと，（実数係数の）奇数次の方程式は必ず少なくとも1つの実数解をもちます．しかし，偶数次の方程式は実数解をもつとは限りません．この問題には，のちにまたもう一度立ちもどることになるでしょう．

　上では解の範囲を実数解だけに限りましたが，数の範囲をひろげて，複素数の範囲で解を考えることにしたらどうでしょうか？　このときにも"n 次方程式の解が n 個以下"であることは上と同じです．しかし，今度は逆に，私達は解の存在について積極的な主張をすることができます．私達はすでに，どんな2次方程式も，複素数の範囲では必ず解をもつということを学びました．そして，どんな2次式も複素数の範囲では

$$ax^2 + bx + c = a(x - \alpha)(x - \beta)$$

と因数分解され，この α, β が2次方程式 $ax^2 + bx + c = 0$ の解であることを知っています．3次方程式や4次方程式についても，私達は，少なくとも今まで扱ってきた例や問などにおいては，それらの解を複素数の範囲で求めることができました．実は一般に，何次方程式でも，複素数の範囲では必ず解をもつのです！　もう少しくわしくいうと次のことが成り立ちます．

　　　どんな n 次式 $P(x)$ も，複素数の範囲で考えれば
$$P(x) = a(x - \alpha_1)(x - \alpha_2) \cdots (x - \alpha_n)$$
　　　と因数分解される．そして，$x = \alpha_1, \alpha_2, \cdots, \alpha_n$ が
　　　n 次方程式 $P(x) = 0$ の解となる．

　なお私達は，ここでは実数係数の n 次式 $P(x)$ を考えていますが，実は複素数を係数とする n 次式 $P(x)$ に対しても，この定理は成り立つのです．もう1つ付言すると，上で α_1, $\alpha_2, \cdots, \alpha_n$ はもちろんすべてが異なるとは限りません．したがって，n 次方程式の異なる解の個数は（複素数の範囲で考えても）n 個以下です．しかし，もし2重解を2つの解，3重解は3つの解，… というように考えることにすれば，n 次方程式は複素数の範囲ではちょうど n 個の解をもつということになります．

この定理は**代数学の基本定理**とよばれています．これは数学のいろいろな定理のうちで最も重要なものの1つです．しかし，残念ながら，この講義では（たぶん，のちのほうまで行っても）その証明まで述べることはできません．この定理の証明にはある程度高級な数学の知識が必要で，ふつうは大学の数学科の学生だけが2年生か3年生のころに学びます．この事情は将来もあまり変わらないでしょう．それはそれでよいので，一般的にいえば，この定理の証明まで知る必要はありません．ただ私は，この定理そのものは，皆さんの脳細胞のどこかに付着し，消え去らずにいてほしいと希望します．ついでに述べると，この代数学の基本定理の完全な証明は，19世紀最大の数学者ガウス（1777-1855）によって1799年に与えられました．ガウス——今日までの偉大な数学者のうちでもとりわけて偉大な人——の名は今後もときどきこの講義に登場してくるだろうと思いますが，さしあたりここでは，ガウスの名が現れたのを機会に，彼の言葉として後世によく知られている1つの言葉を次に記しておきます．

数学は科学の女王である．

◈ 方程式の一般的解法

少し話が変わりますが，2次方程式には解の公式というものがあって，どんな2次方程式でもその公式によって解くことができました．3次方程式や4次方程式は因数定理などを用いてそれを解くことをこれまでやってきたわけですが，それには，ある種の"ひらめき"や工夫が必要でした．もしこうした高次の方程式にも，そのような"ひらめき"や工夫を要しない，その次数のどんな方程式にも通用するような"解の公式"あるいは"一般的解法"はないものでしょうか？

もしそのような"一般的解法"がみつかれば——かりにそれが複雑で実用上は手間がかかるものであるにしても——，それは数学の1つの勝利であり，おおいに祝福すべきことではないでしょうか？　これは私達の頭に自然に浮かぶ考えといってもよいでしょう．

2次方程式の解の公式には，平方根を表す記号 $\sqrt{}$ が用いられます．$\sqrt{a}$ は2乗すると a になる数ですから，2乗根といってもよろしい．同様に，3乗根，4乗根，…を表す記号

$\sqrt[3]{}$, $\sqrt[4]{}$, … を用いれば，任意の 3 次方程式，4 次方程式，…
を解く方法が得られるのではないか？　このことは実際，近
世前期のころの数学者にとって 1 つの大きな刺激的な問題で
した．とくにイタリアでは，15 世紀から 16 世紀にかけて，
野心的な数学者達が 3 次方程式や 4 次方程式の解法を熱心に
――争いまで起こしながら――研究し，ついにその "一般的
解法" を発見しました！　これらの解法の発見者は，カルダ
ノ (1501-1576) やその弟子のフェラリ (1522-1565) などといっ
た人達で，今日ではふつう，3 次方程式の解法は**カルダノの
解法**，4 次方程式の解法は**フェラリの解法**とよばれています．
（今は必ずしも最適な場所ではないので，ここでは述べませ
んが，私はのちにこれらの解法も読者に紹介したいと思って
います．）

　カルダノやフェラリの成功に刺激され，さらに続けて，5
乗根，6 乗根，… を表す記号を用いて，5 次以上の方程式の一
般的解法をみいだすことはできないかということが，17 世
紀，18 世紀の数学者達の 1 つの重大な関心事となりました．
多くの数学者がこの問題に取り組み，その解決に挑戦し，そ
のこころみは 19 世紀のはじめごろまで続けられ，そしてだ
れも成功せず，とうとう不成功のままに終わりました．それ
は不成功に終わるべき運命だったのです．なぜかといえば，
実は，5 次以上の方程式については，そのような "解の公式"
あるいは "一般的解法" というものは存在しないからです．
もう少し正確にいうと，加減乗除と累乗根という代数的演算
では 5 次以上の方程式の一般的解法を与えることはできない
のです．

　この，**5 次以上の方程式を代数的に解くことが一般的には
不可能である**という命題は，アーベル (1802-1829) およびガ
ロア (1811-1832) によって証明されました．（現代的な代数学
は，こうした彼らの仕事が源となって，そこから発展してき
たのです．）アーベルとガロア，このふたりはともに不朽の業
績を残しながら，若くして世を去った天才数学者で，そのド
ラマチックな生涯――アーベルは貧困とたたかいながら肺患
のために死に，ガロアは政治運動に参加して入獄し仮出所中
に決闘でたおれました――は，数学史上でも，ある特別な光
彩を放っています．

130　③　数学の威力を発揮する——方程式

3.4　連立方程式

　前節で考えたのは，1つの未知数 x についての方程式でした．次には，複数の未知数 $x, y, \cdots$ をもつ方程式を考えます．

　一般に，いくつかの未知数についてのいくつかの方程式が与えられたとき，これらの方程式の集まりをそれらの未知数についての**連立方程式**といい，未知数の個数が2個，3個，…であるのに応じて，**連立2元方程式，連立3元方程式**，… といいます．連立方程式の**解**とは，それを構成するすべての方程式を満たす未知数の値の組のことで，その値の組を求めることを連立方程式を**解く**といいます．また，連立方程式の**次数**というのは，それを構成する各方程式の(未知数すべてに着目したときの)次数の最大値のことです．

◆　連立2元1次方程式

　いちばん簡単な連立方程式は，2つの未知数 x, y についての2つの1次方程式からなる連立方程式，すなわち連立2元1次方程式です．その解き方は，事実上，ほとんどの読者がよく知っておられることと思いますが，念のため，一例をあげておきましょう．

例　次の連立1次方程式を解きなさい．

$$\begin{cases} x - y = 3 & \text{①} \\ 2x + 3y = 1 & \text{②} \end{cases}$$

$\boxed{\text{解 1}}$

$$
\begin{array}{rl}
①×3 & 3x - 3y = 9 \\
② & +)\,2x + 3y = 1 \\
\hline
①×3+② & 5x \quad\;\; = 10
\end{array}
$$

　　　　　　　　　ゆえに　$x = 2$

　この x の値を①に代入すると　$2 - y = 3$

　　　　　　　　　ゆえに　$y = -1$

　　　　　　　　　　　〈答〉　$x = 2,\ y = -1$

$\boxed{\text{解 2}}$　①から y を x で表すと

$$y = x - 3 \qquad\qquad ③$$

　③を②に代入すると

$$2x + 3(x - 3) = 1$$

　整理すると　$5x = 10$，ゆえに　$x = 2$

　これを③に代入して　　　　　$y = -1$

この例の解のように，連立2元1次方程式を解くには，どちらか一方の未知数，たとえば y を含まない x だけについての方程式をつくり，その方程式を解いて x の値を求め，その値をもとの連立方程式のいずれか一方に代入して y の値を求めるのです．ある未知数を含まない方程式をつくることを，その未知数を**消去する**といいます．上の例の解では，y を消去して x だけの方程式を作ったのです．ある未知数を消去するにはいろいろな方法があり，上の解1，解2に書いた方法は代表的なもので，昔の中等教育ではそれぞれ"加減法"，"代入法"とよばれていました．（もっとも，そんな名称をつけるほど大げさなことではなく，読者は容易に解法の要点を理解してくださることでしょう．）

なお，図形的に解釈すれば——平面図形の話には，またのちにくわしく立ちもどることになりますが——，上の例の2つの方程式①，②はそれぞれ平面上の直線を表しており，上に得た解 $x=2$, $y=-1$ は，この2直線の交点の x 座標と y 座標を表しています．連立2元1次方程式を解くことは，幾何学的には，平面上の2直線の交点の座標を求めることにほかならないのです．

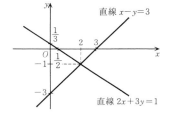

連立2元1次方程式のうちには，無数に解をもつものや，解をもたないものもあります．たとえば，次のような連立方程式を考えてみましょう．

(1) $\begin{cases} 3x+y=6 \\ 6x+2y=12 \end{cases}$ (2) $\begin{cases} x-2y=2 \\ 2x-4y=-3 \end{cases}$

このうち，連立方程式(1)では，第1式を2倍すると第2式と一致します．したがって，この連立方程式は無数に多くの解をもちます．すなわち，第1式を満たす x, y はすべてこの連立方程式の解となるわけです．一方，連立方程式(2)では，第1式を2倍すると $2x-4y=4$ となり，この式と第2式とは明らかに同時には成り立ちません．したがって，この連立方程式は解をもちません．

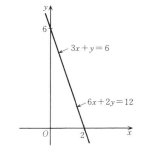

座標平面上で考えれば，連立方程式(1)の2つの方程式は右の中央の図のような同じ直線を表しています．したがって，この直線上のすべての点の x 座標，y 座標がこの連立方程式の解となります．また，連立方程式(2)の2つの直線は右の下の図のような異なる平行2直線を表しています．この2つ

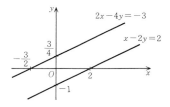

の平行線は交点をもちません．よって，この連立方程式の2つを同時に成り立たせるような x, y は存在しないのです．

しかし，上にいったような場合は明らかに例外的な場合です．したがって一般には，2つの未知数について2個の1次方程式からなる連立1次方程式は——2つの1次方程式の表す2直線の交点の座標として——ただ1組の解をもつのです．

◈ 3元以上の連立1次方程式

3元以上の連立1次方程式においても，未知数と同じ個数の方程式が与えられれば，一般に解はただ1組だけ定まります．

とくに3元の場合については，私達はこのことに次のような幾何学的解釈を与えることができます．すなわち，空間（われわれが住んでいるふつうの3次元空間）内の3つの平面は一般にはただ1点で交わる——これが連立3元1次方程式の解がただ1組に定まるということに対応しています．このことは，またのちに空間図形について述べるときに再度考える機会があるでしょう．

例 次の連立1次方程式を解きなさい．

$$\begin{cases} 3x+\ y+\ z = -5 & ① \\ 4x+3y-2z = -5 & ② \\ 5x+4y+2z = 9 & ③ \end{cases}$$

解 1つの未知数 z を消去して，x, y についての連立1次方程式を導きます．

①×2+② をつくると　$10x+5y = -15$

$$2x+y = -3 \qquad ④$$

②+③ をつくると　　$9x+7y = 4 \qquad ⑤$

次には ④，⑤ から y を消去します．

④×7−⑤ より　　$5x = -25$

ゆえに　　　$x = -5$

これを ④ に代入して　$y = 7$

次に $x=-5,\ y=7$ を ① に代入して　$z = 3$

〈答〉　$x = -5,\ y = 7,\ z = 3$

この例の解のように，連立3元1次方程式を解くには，3つの方程式の2つずつを適当に組み合わせて1つの未知数を消去し，他の2つの未知数について2つの方程式からなる連

立 1 次方程式をつくり，その連立方程式を解くことに問題を帰着させます．このことはもっと未知数の個数が多くなった場合も同様です．すなわち，一般に連立 n 元 1 次方程式を解くには，その 1 つの未知数を消去して，問題を連立 $(n-1)$ 元 1 次方程式を解くことに帰着させるのです．このように未知数を"1 つずつ減らしていく"のが，連立 1 次方程式を解くときの——これは実は"1 次"の連立方程式の場合だけには限りませんが——原則的な方法です．もっとも，特殊な形をした連立方程式の場合には，適当な工夫によってもっと簡単に答を求められる場合もあります．次にその一例をあげておきましょう．

例 次の連立 1 次方程式を解きなさい．

$$\begin{cases} y+z+u = 2 & ① \\ z+u+x = 10 & ② \\ u+x+y = 6 & ③ \\ x+y+z = 3 & ④ \end{cases}$$

解 与えられた 4 つの方程式の特殊な規則性に注目して次のように計算します．

①＋②＋③＋④ をつくると

$$3(x+y+z+u) = 21$$

ゆえに $\qquad x+y+z+u = 7 \qquad\qquad ⑤$

⑤−① より $\quad x = 5 \qquad$ ⑤−② より $\quad y = -3$

⑤−③ より $\quad z = 1 \qquad$ ⑤−④ より $\quad u = 4$

〈答〉 $x = 5,\ y = -3,\ z = 1,\ u = 4$

問30 次の連立 1 次方程式を解いてください．

(1) $\begin{cases} x+2y = -1 \\ 3x-4y = 17 \end{cases}$ (2) $\begin{cases} 2x+y = 10 \\ x+6y = 27 \end{cases}$

(3) $\begin{cases} 2x-3y-4z = -4 \\ 3x+4y-2z = -11 \\ 4x-2y+3z = 17 \end{cases}$ (4) $\begin{cases} x-4y+2z = -25 \\ 2x+y-z = 0 \\ 3x+y+2z = -6 \end{cases}$

(5) $\dfrac{3x+2y}{4} = \dfrac{3y+z}{5} = \dfrac{5x+y-z}{6} = 2$

(6) $\begin{cases} y+z+u = 9 \\ z+u+x = 8 \\ u+x+y = 7 \\ x+y+z = 6 \end{cases}$ (7) $\begin{cases} x+y+z+3u = 3 \\ x+y+3z+u = -8 \\ x+3y+z+u = 0 \\ 3x+y+z+u = 5 \end{cases}$

134　③　数学の威力を発揮する——方程式

問31　3けたの整数があって，各位の数字の和は12であり，中央の数字の3倍は他の数字の和に等しくなっています．また，この数の数字の順序を逆にして得られる数はもとの数よりも693大きくなります．この整数を求めてください．

◆　**連立2次方程式**

　2つの未知数について，1次と2次，または2次と2次の方程式を連立させた連立方程式を**連立2元2次方程式**といいます．その解き方について考えましょう．

　1次と2次の場合

　与えられた方程式が1次と2次の場合には，1次の方程式から一方の未知数を他方の未知数で表し，それを2次の方程式に代入して，1つの未知数についての2次方程式をつくればよろしい．すなわち，一方の未知数を消去して他の未知数についての2次方程式をつくるのです．

例　次の連立方程式を解きなさい．

$$\begin{cases} 2x-y-5=0 & ① \\ x^2+y^2=50 & ② \end{cases}$$

解　①から　　　$y=2x-5$　　　　　③

　③を②に代入して

$$x^2+(2x-5)^2=50$$

整理して　$5x^2-20x-25=0,\ x^2-4x-5=0$

$$(x-5)(x+1)=0$$

ゆえに

$$x=5　または　x=-1$$

③より，$x=5$のとき$y=5$, $x=-1$のとき$y=-7$

〈答〉$\begin{cases} x=5 \\ y=5 \end{cases}$　$\begin{cases} x=-1 \\ y=-7 \end{cases}$

　なお，つまらない形式的なことですが，答は上のように書いてもよいし，下のように書いてもかまいません．

$$x=5,\ y=5;\ x=-1,\ y=-7$$

例　次の連立方程式を解きなさい．

(1) $\begin{cases} x+y=4 \\ xy=-5 \end{cases}$　(2) $\begin{cases} x+y=-2 \\ x^2-xy+y^2=-2 \end{cases}$

解　前の例と同じようにして解くことができますが，次のような方法もあります．

(1) 2次方程式の解と係数の関係によって，与えられた2つの式から，x, y は t についての2次方程式
$$t^2 - 4t - 5 = 0$$
の2つの解であることがわかります．これを解けば
$$t = 5, \ -1$$
〈答〉 $\begin{cases} x = 5 \\ y = -1 \end{cases}$ $\begin{cases} x = -1 \\ y = 5 \end{cases}$

(2) 第2式の左辺を変形すると $(x+y)^2 - 3xy = -2$
この $x+y$ に第1式を代入して $4 - 3xy = -2$
ゆえに $xy = 2$
第1式とこの式から，x, y は t についての2次方程式
$$t^2 + 2t + 2 = 0$$
の2つの解です．これを解けば $t = -1 \pm i$
〈答〉 $\begin{cases} x = -1+i \\ y = -1-i \end{cases}$ $\begin{cases} x = -1-i \\ y = -1+i \end{cases}$

例題 ある長方形の周の長さは 26 cm で，縦を 2 cm，横を 3 cm 長くすると，面積は 2 倍になるといいます．この長方形の縦，横の長さを求めてください．

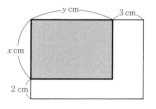

解 縦，横の長さをそれぞれ x cm, y cm とすると，題意から
$$x + y = 13 \qquad ①$$
$$(x+2)(y+3) = 2xy \qquad ②$$
という2つの方程式が成り立ちます．②を整理すると
$$xy - 3x - 2y - 6 = 0 \qquad ③$$
①から
$$y = 13 - x \qquad ④$$

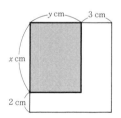

この④を③に代入すると
$$x(13-x) - 3x - 2(13-x) - 6 = 0$$
$$x^2 - 12x + 32 = 0$$
ゆえに $x = 4$ または $x = 8$
④より $x = 4$ のとき $y = 9$，$x = 8$ のとき $y = 5$
〈答〉 縦 4 cm, 横 9 cm または 縦 8 cm, 横 5 cm

 **問32** 次の連立方程式を解いてください．

(1) $\begin{cases} x - y = 1 \\ x^2 + y^2 = 25 \end{cases}$ (2) $\begin{cases} y = \sqrt{3}\, x \\ x^2 + y^2 = 48 \end{cases}$

(3) $\begin{cases} y = 2x - 1 \\ y^2 - x^2 = 5 \end{cases}$ (4) $\begin{cases} x + y = 4 \\ xy = 2 \end{cases}$

(5) $\begin{cases} x + y = 5 \\ x^2 + xy + y^2 = 21 \end{cases}$ (6) $\begin{cases} 3x + 4y = 5 \\ 4x^2 + xy - 3y^2 = 0 \end{cases}$

問33 ある長方形の縦を 4 cm 短くし，横を 5 cm 長くしても面積は変わりませんが，縦を 4 cm 長くし，横を 5 cm 短くすると面積はもとの面積の $\frac{2}{3}$ になります．もとの長方形の縦，横の長さを求めてください．

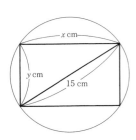

問34 直径 15 cm の円に内接し，周の長さが 42 cm の長方形があります．この直方形の 2 辺の長さを求めてください．

問35 長さ 1 m の針金を 2 つの部分に切って，一方の部分で正方形のわくを作り，他方の部分で 2 辺の比が 1 : 2 の長方形のわくを作ったら，正方形と長方形の面積の和が 300 cm² になりました．針金をどのように切ったのでしょうか．正方形の周の長さと長方形の周の長さを求めてください．［ヒント：正方形の 1 辺の長さを x cm，長方形の短いほうの 1 辺の長さを y cm として連立方程式を立ててごらんなさい．］

<u>2 次と 2 次の場合</u>

与えられた 2 つの方程式がともに 2 次である連立 2 次方程式を解くことは，一般には困難です．しかし，ある種の場合には，次のように適当な工夫によって解くことができます．

例 次の連立方程式を解きなさい．

$$\begin{cases} 3x^2 - 5xy - 2y^2 = 0 & \text{①} \\ x^2 + y^2 + 5x = 15 & \text{②} \end{cases}$$

解 この問題では①の式の左辺が 2 つの 1 次式の積に因数分解でき，したがって，問題を<u>1 次と 2 次の場合</u>に帰着させることができます．それがキー・ポイントです．すなわち，解答は次のようになります．

①の左辺を因数分解すると
$$(x - 2y)(3x + y) = 0$$
ゆえに
$$x - 2y = 0 \quad \text{または} \quad 3x + y = 0$$

1 <u>$x - 2y = 0$</u> のときは $\quad y = \frac{1}{2}x \quad$ ③

③を②に代入すると $\quad x^2 + \frac{1}{4}x^2 + 5x = 15$

簡約して

$$x^2+4x-12=0$$
$$(x-2)(x+6)=0$$

ゆえに $\qquad x=2,\ -6$

これを ③ に代入して $\quad y=1,\ -3$

2 $\underline{3x+y=0}$ のときは $\qquad y=-3x \qquad\qquad$ ④

④ を ② に代入すると $\quad x^2+9x^2+5x=15$

簡約して

$$2x^2+x-3=0$$
$$(x-1)(2x+3)=0$$

ゆえに $\qquad x=1,\ -\dfrac{3}{2}$

これを ④ に代入して $\quad y=-3,\ \dfrac{9}{2}$

〈答〉 $\quad \begin{cases} x=2 \\ y=1 \end{cases} \begin{cases} x=-6 \\ y=-3 \end{cases} \begin{cases} x=1 \\ y=-3 \end{cases} \begin{cases} x=-\dfrac{3}{2} \\ y=\dfrac{9}{2} \end{cases}$

例 次の連立方程式を解きなさい.

$$\begin{cases} x^2-y^2=8 & \qquad ① \\ \quad xy=3 & \qquad ② \end{cases}$$

$\boxed{\text{解 1}}$ ① から

$$x^2+(-y^2)=8 \qquad\qquad ③$$

また, ② の両辺を 2 乗すると $\quad x^2y^2=9$

すなわち

$$x^2(-y^2)=-9 \qquad\qquad ④$$

③, ④ によって, $x^2,\ -y^2$ は t についての 2 次方程式

$$t^2-8t-9=0$$

の 2 つの解です.この 2 次方程式を解けば

$$t=9,\ -1$$

したがって $x^2=9,\ -y^2=-1$ すなわち $x^2=9,\ y^2=1$;または $x^2=-1,\ -y^2=9$ すなわち $x^2=-1,\ y^2=-9$.

$\qquad x^2=9,\ y^2=1$ のときは $\quad x=\pm3,\ y=\pm1$

しかし,② によって $x=3,\ y=-1$ と $x=-3,\ y=1$ の組合せはとることができません.

また

$\qquad x^2=-1,\ y^2=-9$ のときは $\quad x=\pm i,\ y=\pm3i$

しかし,② によって $x=i,\ y=3i$ と $x=-i,\ y=-3i$

138 　③　数学の威力を発揮する──方程式

の組合せはとることができません.

　ゆえに求める答は次のようになります.

$$\langle 答\rangle \quad \begin{cases} x=3 \\ y=1 \end{cases} \begin{cases} x=-3 \\ y=-1 \end{cases} \begin{cases} x=i \\ y=-3i \end{cases} \begin{cases} x=-i \\ y=3i \end{cases}$$

解 2 　①×3−②×8 をつくって"定数項を消去"します.
すなわち

$$\begin{array}{r} 3x^2-3y^2=24 \\ -)\quad 8xy=24 \\ \hline 3x^2-8xy-3y^2=0 \end{array}$$

これを因数分解して　$(x-3y)(3x+y)=0$
ゆえに

$$x-3y=0 \quad または \quad 3x+y=0$$

　以後は,前の例と同様に,1次と2次の方程式からな
る次の2つの連立方程式

$$\begin{cases} x^2-y^2=8 \\ x-3y=0 \end{cases} \qquad \begin{cases} x^2-y^2=8 \\ 3x+y=0 \end{cases}$$

を解くことに帰着します.これらを解けば,それぞれ

$$x=\pm 3,\ y=\pm 1;\ x=\pm i,\ y=\mp 3i \quad (複号同順)$$

という解が得られます.(ここの"複号同順"というの
は,同時に上の符号,または同時に下の符号をとったと
き,それが解になるという意味です.)

解 3 　②から

$$y=\frac{3}{x} \qquad\qquad ⑤$$

⑤ を ① に代入して

$$x^2-\frac{9}{x^2}=8$$

両辺に x^2 を掛けて整理すると

$$x^4-8x^2-9=0$$
$$(x^2-9)(x^2+1)=0$$

ゆえに　　　　　　　　$x=\pm 3,\ \pm i$
これを ⑤ に代入して,$x=\pm 3$ のとき　$y=\pm 1$
　　　　　　　　　　　$x=\pm i$ のとき　$y=\mp 3i$

問36 　次の連立方程式を解いてください.

(1) $\begin{cases} x^2+xy+2y^2=56 \\ x^2-5xy+6y^2=0 \end{cases}$　(2) $\begin{cases} 5x^2-2y^2=-3 \\ -4x^2+xy+2y^2=6 \end{cases}$

3.4 連立方程式 *139*

(3) $\begin{cases} x^2+y^2 = 13 \\ xy = -6 \end{cases}$　(4) $\begin{cases} x^2-y^2 = 16 \\ xy = -15 \end{cases}$

(5) $\begin{cases} xy+x+y = 11 \\ 2xy-x-y = 7 \end{cases}$　(6) $\begin{cases} 5xy+4x-3y-2 = 0 \\ 12xy+9x-7y-4 = 0 \end{cases}$

(7) $\begin{cases} x+y = 2 \\ x^3+y^3 = -4 \end{cases}$　(8) $\begin{cases} x^2-y^2 = 13 \\ x^4-y^4 = -65 \end{cases}$

[ヒント：(1)第2式の因数分解．(2)(第1式)×2+(第2式)の因数分解．(3),(4)すぐ上の例にならう．(5)$x+y=X$, $xy=Y$とおいて，X, Yを求める．(6)2つの式からxyの項を消去してx, yについての1次方程式を導く．(7)みかけ上3次方程式ですが，第2式を因数分解して第1式を用いれば，1次と2次の連立2次方程式となる．(8)第2式を因数分解して第1式を用いれば，簡単な連立2次方程式となる．]

問37　次の等式を成り立たせる"複素数"zを求めてください．

(1)　$z^2 = 15-8i$　　(2)　$z^2 = 4i$

[ヒント：x, yを実数として$z=x+yi$とおき，z^2を計算します．次に複素数の相等の定義を使って，x, yについての2次の連立方程式を導いてください．]

問38　（前問の一般化）複素数の範囲では，任意の実数——正でも負でもよろしい——の平方根が求められることはすでに学びましたが，実数でない複素数——すなわち虚数——αに対しても，複素数の範囲ではその平方根を求めることができます．すなわち，複素数

$$\alpha = a+bi \quad (a, b\text{は実数で}\ b \neq 0)$$

に対して，等式

$$z^2 = \alpha$$

を満たす複素数zが存在し，しかもちょうど2つ存在します．そのようなzは

$$\pm\left(\sqrt{\frac{a+\sqrt{a^2+b^2}}{2}} \pm i\sqrt{\frac{-a+\sqrt{a^2+b^2}}{2}} \right)$$

で与えられることを証明してください．ただし，かっこの中の複号は，$b>0$のときは$+$，$b<0$のときは$-$とします．

[この問は一般的な結果を求めているという点で幾分難しく，また——ごく小さいことに過ぎませんが——不等式についての若干の知識を必要とします．意欲的な読者は，この場所でこの問に挑戦してみてください．もし読者が，不等式のことにあまりなれていないと思うならば，次の不等式の章を読んでから，立ちもどって考えてみられるのがよいでしょう．]

3元以上の連立2次方程式

連立2次方程式は2元の場合においてさえ，すでに解くことが一般に困難だったのですから，3元以上の場合はなおさらです．ここでは，簡単で，実際的にも——たとえば幾何学的な要求などから——ときどき現れる連立方程式の例をあげるだけにとどめます．

例 次の連立方程式を解きなさい．

$$\begin{cases} y+2z = 1 & ① \\ x-2y+z = 9 & ② \\ x^2+y^2+z^2 = 14 & ③ \end{cases}$$

解 ①，②から，y, x を z で表し，その結果を③に代入して z についての2次方程式をつくります．

すなわち，まず①から

$$y = 1-2z \quad ④$$

④を②に代入すると

$$x-2(1-2z)+z = 9$$

よって

$$x = -5z+11 \quad ⑤$$

④および⑤を③に代入すると

$$(-5z+11)^2+(1-2z)^2+z^2 = 14$$

整理して簡約すると

$$5z^2-19z+18 = 0$$
$$(z-2)(5z-9) = 0$$

ゆえに

$$z = 2 \quad \text{または} \quad z = \frac{9}{5}$$

$z=2$ のとき，④，⑤から $y=-3, x=1$
$z=\frac{9}{5}$ のとき，④，⑤から $y=-\frac{13}{5}, x=2$

〈答〉 $x=1, y=-3, z=2$; $x=2, y=-\frac{13}{5}, z=\frac{9}{5}$

例題 周の長さが 30 cm，面積が 30 cm² である直角三角形の3辺の長さを求めてください．

解 斜辺を z cm，他の2辺を x cm, y cm とすると，題意によって

$$x+y+z = 30 \quad ①$$

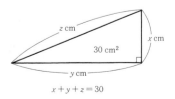

$x+y+z=30$

$$\frac{1}{2}xy = 30 \quad \text{すなわち} \quad xy = 60 \qquad ②$$

という 2 つの方程式が得られます．さらに，ピタゴラスの定理によって

$$x^2 + y^2 = z^2 \qquad\qquad ③$$

でなければなりません．以上の連立方程式 ①，②，③ から x, y, z を求めればよいわけです．

まず ① から $\qquad z = 30 - (x + y) \qquad ④$

これを ③ の右辺に代入すると

$$x^2 + y^2 = 900 - 60(x + y) + x^2 + 2xy + y^2$$

簡約して

$$450 - 30(x + y) + xy = 0$$

この xy に ② を代入して，$x + y$ を求めると

$$x + y = 17 \qquad\qquad ⑤$$

① と ⑤ から $\qquad z = 13$

また，② と ⑤ によって，x, y は t についての 2 次方程式

$$t^2 - 17t + 60 = 0$$

の 2 つの解です．ゆえに

$$x = 5, \ y = 12 \quad \text{または} \quad x = 12, \ y = 5$$

したがって，求める答は次のようになります．

〈答〉　斜辺 13 cm，他の 2 辺 5 cm，12 cm

問39　次の連立方程式を解いてください．

(1) $\begin{cases} 2x + y = -1 \\ x - 2y + z = -4 \\ x^2 + y^2 + z^2 = 29 \end{cases}$
　　(2) $\begin{cases} x + y + z = 70 \\ xy = 420 \\ x^2 + y^2 = z^2 \end{cases}$

(3) $\begin{cases} x(x + y + z) = 6 \\ y(x + y + z) = -10 \\ z(x + y + z) = 20 \end{cases}$
　　(4) $\begin{cases} 2yz + zx = 0 \\ zx - 3xy = 0 \\ xy + 4yz = 10 \end{cases}$

［ヒント：(3) 3 つの式を辺々加え合わせると，どうなりますか？　(4) はじめに $yz = X$，$zx = Y$，$xy = Z$ とおいて，X, Y, Z についての連立 1 次方程式を解いてください．］

問40　全表面積が 376 cm² の直方体があります．この直方体の横と高さはそのままにして縦を 1 cm 長くすると全表面積が 36 cm² 大きくなり，縦と高さはそのままにして横を 1 cm 長くすると全表面積は 32 cm² 大きくなります．この直方体の

縦，横，高さはそれぞれ何 cm ですか．[この問にはとくにヒントはつけないでおきます．]

3.5 等式の証明

　本章でこれまでとりあつかってきたのは方程式でした．方程式というのは，一般的にいえば，未知数を含む等式で，未知数のいくつかの特定の値——複数の未知数をもつ連立方程式ならば未知数のいくつかの特定の値の組——に対してだけ成り立つ等式でした．それに対して，"つねに成り立つ等式"というものがあり，それらは"恒等式"とよばれています．それはある意味で方程式と正反対の性格をもつ等式で，それを扱うのは，今までの流れを少し変えることになりますが，——ほかに適当な場所もないので——私はここで，恒等式について二三の基本的なことがらを述べておこうと思います．

◆ 恒等式

　たとえば，

$$(a+b)(a-b) = a^2 - b^2$$

$$\frac{1}{x+1} + \frac{1}{x-1} = \frac{2x}{x^2-1}$$

のような等式は，式の演算法則に従って左辺を計算すると右辺が得られます．したがって，これらの等式はそのなかの文字にどのような数を代入してもつねに成り立ちます．このように，文字にどんな数を代入してもつねに成り立つ等式のことを**恒等式**とよびます．ただし，分数式の場合には，分母を0にするような値は除外して考えます．

　上にあげた2つの例のように，整式や分数式についての等式で，一方の辺を式の演算法則に従って変形すると他方の辺になるものは，もちろん恒等式です．また，等式の両辺をやはり式の演算法則に従って計算した結果が全く同一の式となるものも恒等式です．一般に，ある等式が恒等式であることを証明するには，式の演算法則を用いて

　　"一方の辺を他方の辺に変形する"

　　"両辺をそれぞれ変形して同一の式にする"

　　"両辺の差が0となることを示す"

などの方法によればよいのです．なお，"等式が恒等式であることを証明する"ことを，単にその"等式を証明する"ともいいます．

例 次の等式を証明しなさい．[注意：この等式は割合いろいろなところで利用されます．]
$$(ac+bd)^2+(ad-bc)^2 = (a^2+b^2)(c^2+d^2)$$

証明 左辺の $(ac+bd)^2+(ad-bc)^2$ を計算すると
$$左辺 = (a^2c^2+2abcd+b^2d^2)+(a^2d^2-2abcd+b^2c^2)$$
$$= a^2c^2+b^2d^2+a^2d^2+b^2c^2$$

また，右辺の $(a^2+b^2)(c^2+d^2)$ を計算すると
$$右辺 = a^2c^2+a^2d^2+b^2c^2+b^2d^2$$

これらは全く同一の式になっています．ゆえに，この等式は恒等式です．

問41 次の等式を証明してください．
(1) $(a^2+kb^2)(c^2+kd^2) = (ac+kbd)^2+k(ad-bc)^2$

(2) $a^2+b^2+c^2-ab-bc-ca$
$$= \frac{1}{2}\{(a-b)^2+(b-c)^2+(c-a)^2\}$$

(3) $\dfrac{1}{1-x}+\dfrac{1}{1-y} = 1+\dfrac{1-xy}{(1-x)(1-y)}$

(4) $\dfrac{b}{a(a+b)}+\dfrac{c}{(a+b)(a+b+c)} = \dfrac{1}{a}-\dfrac{1}{a+b+c}$

◆ 整式の恒等式

等式が恒等式であるかどうかを，そのなかのいくつかの文字だけに着目して考えることもあります．たとえば，ある等式があって，そのなかの文字 x, y に着目したとき，x, y にどのような数を代入してもその等式が成り立つならば，それを<u>x, y についての恒等式</u>とよびます．

ここでは，とくに両辺が1つの文字 x についての整式であるとき，それが<u>x についての恒等式</u>となるのはどういう場合であるか，を考えてみましょう．

いま，たとえば等式
$$ax^3+bx^2+cx+d = 0 \qquad ①$$
が，x に4つの<u>異なる数</u> a_1, a_2, a_3, a_4 を代入したときにそれぞれ成り立つものとしてみましょう．そのときには，

$$a = b = c = d = 0$$

でなければなりません．その理由は次の通りです．

われわれはすでに n 次方程式の解は n 個以下であること
を知っています．（126 ページを見てください．）したがって，
もし $a \neq 0$ ならば，① は x についての 3 次方程式となります
から，その解は 3 個以下です．$a = 0, b \neq 0$ ならば，① は 2 次
方程式となりますから，その解は 2 個以下です．$a = 0, b = 0$,
$c \neq 0$ ならば，① は 1 次方程式となりますから，その解はた
だ 1 個です．それはいずれも，① が x の 4 つの異なる値に
よって満たされているという仮定に反します．ゆえに，① を
成り立たせる x の 4 つの異なる値 $\alpha_1, \alpha_2, \alpha_3, \alpha_4$ があるならば，
a, b, c はどれも 0 でなければなりません．したがってまた，
当然 d も 0 でなければなりません．

もっと一般に，等式
$$ax^3 + bx^2 + cx + d = a'x^3 + b'x^2 + c'x + d'$$
が，x に 4 つの異なる数を代入したときにそれぞれ成り立つ
としてみましょう．そのときには
$$a = a', \qquad b = b', \qquad c = c', \qquad d = d'$$
でなければなりません．その理由は簡単です．上の等式を
$$(a - a')x^3 + (b - b')x^2 + (c - c')x + (d - d') = 0$$
と書きかえて，この等式に前述したことを適用すれば，
$$a - a' = 0, \quad b - b' = 0, \quad c - c' = 0, \quad d - d' = 0$$
となるからです．

一般に，x についての 2 つの整式 $P(x), Q(x)$ があって，
両者を降べきまたは昇べきの順に整理したとき，同じ次数の
係数がすべて一致するならば，$P(x)$ と $Q(x)$ は**整式として
等しい**といいます．この言葉使いを用いると，上に述べたこ
とは次のようにまとめられます．

"$P(x)$ と $Q(x)$ が 3 次以下の整式で，4 つの異なる数
$\alpha_1, \alpha_2, \alpha_3, \alpha_4$ に対して $P(\alpha_1) = Q(\alpha_1)$, $P(\alpha_2) = Q(\alpha_2)$, $P(\alpha_3)$
$= Q(\alpha_3)$, $P(\alpha_4) = Q(\alpha_4)$ が成り立つならば，$P(x)$ と $Q(x)$
は整式として等しい．"

この結果が以下のように一般化されることは，すぐにおわ
かりでしょう．私達はこれを**整式の一致の定理**とよぶことに
しましょう．

3.5 等式の証明 145

整式の一致の定理

　$P(x)$ および $Q(x)$ が x についての n 次以下の整式で，$n+1$ 個の異なる数 $a_1, a_2, \cdots, a_{n+1}$ に対して

$$P(a_1) = Q(a_1),\ P(a_2) = Q(a_2),\ \cdots$$
$$\cdots,\ P(a_{n+1}) = Q(a_{n+1})$$

が成り立つならば，$P(x), Q(x)$ は整式として等しい．

　この定理の特別な場合として，$P(x)$ が n 次以下の整式で，$n+1$ 個の異なる数 $a_1, a_2, \cdots, a_{n+1}$ に対して

$$P(a_1) = 0, \qquad P(a_2) = 0, \qquad \cdots, \qquad P(a_{n+1}) = 0$$

が成り立つならば，$P(x)$ は整式として 0 に等しい，ということになります．すなわち，$P(x)$ のすべての次数の係数が 0 となります．

　さて，いま $P(x), Q(x)$ が x の整式で，$P(x) = Q(x)$ が x についての恒等式であるとしましょう．すなわち，x にどのような数を代入してもこの等式が成り立つものとしましょう．そのときには，この等式を成り立たせる無数に多くの x の値があるわけですから，当然，整式の一致の定理によって $P(x), Q(x)$ は "整式として等しい" ことになります．一方逆に，$P(x), Q(x)$ が整式として等しければ，もちろん $P(x) = Q(x)$ は恒等式です．

　結局，整式 $P(x), Q(x)$ については，

**　　$P(x) = Q(x)$ が x についての恒等式である**

ことと，

**　　$P(x) = Q(x)$ が整式としての等式である**

こととは同値になるのです．

例　$ax^3 + 2x^2 - 5x + d = 4x^3 - bx^2 - cx + 3$ が x についての恒等式となるのは，どういうときか？　それは

$$a = 4, \quad b = -2, \quad c = 5, \quad d = 3$$

であるときです．

例　次の等式が x についての恒等式となるように，定数 a, b, c の値を定めなさい．

$$a(x-1)(x+1) + b(x+1)(x-2) + c(x-1)(x-2)$$
$$= 7x - 11 \qquad ①$$

解　①の左辺を整理すると

$$(a+b+c)x^2 - (b+3c)x - (a+2b-2c) = 7x - 11$$

146　③　数学の威力を発揮する——方程式

両辺の係数を比較して

$$a+b+c = 0, \quad b+3c = -7, \quad a+2b-2c = 11$$

a, b, c についてのこの連立方程式を解くと

$$a = 1, \quad b = 2, \quad c = -3$$

別解 　①が恒等式ならば，とくに $x=2, 1, -1$ に対しても成り立つはずです．そこで①において

x に 2 を代入すれば

$$3a = 7 \cdot 2 - 11 = 3 \quad ゆえに \quad a = 1$$

x に 1 を代入すれば

$$-2b = 7 \cdot 1 - 11 = -4 \quad ゆえに \quad b = 2$$

x に -1 を代入すれば

$$6c = 7 \cdot (-1) - 11 = -18 \quad ゆえに \quad c = -3$$

上の別解は，実際上はもうこれだけで十分ですが，厳密にいうと少し議論の不足しているところがあります．というのは，この解答は，①が恒等式であるならば $x=2, 1, -1$ に対しても成り立つはずであるとして，

$$a = 1, \quad b = 2, \quad c = -3$$

を導いているのですが，逆に a, b, c をこのように定めたとき，①がたしかに恒等式になるということを完全に論じ切ってはいないからです．しかしそれは，たとえば次のように，簡単に説明することができます．すなわち，$a=1$, $b=2$, $c=-3$ とすると，その定め方からわかるように，①は $x=2$, $1, -1$ という3つの異なる値に対してはたしかに成り立ちます．そして①の両辺は x について2次以下の整式です．ゆえに整式の一致の定理によって①の両辺は整式として等しくなり，したがって恒等式となります．

この別解に述べた方法は，両辺を整理して係数を比較し，連立方程式を作って解く方法よりも，しばしば簡単で，有効に利用されます．

問42 次の等式が x についての恒等式となるように，定数 a, b, c, d の値を定めてください．

(1)　$(2x+1)(x^2+ax+b) = 2x^3-5x^2+cx+2$

(2)　$ax(x+1)+bx(x-1)+c(x+1)(x-1) = 10x^2-2$

(3)　$a(x-1)(x-3)+b(x-3)(x+2)+c(x+2)(x-1)$
　　　$= 30$

(4) $x^3 - 6x^2 + 13x - 4$
$$= a(x-2)^3 + b(x-2)^2 + c(x-2) + d$$

例 次の等式が x についての恒等式となるように，定数 a, b, c の値を定めなさい．
$$\frac{3x+6}{x^3+1} = \frac{a}{x+1} + \frac{bx+c}{x^2-x+1}$$

解 両辺の分母をはらうと
$$3x+6 = a(x^2-x+1) + (bx+c)(x+1)$$
この整式の等式が恒等式となるように，a, b, c を定めればよろしい．右辺を整理すると
$$3x+6 = (a+b)x^2 + (-a+b+c)x + (a+c)$$
ゆえに
$$a+b = 0, \quad -a+b+c = 3, \quad a+c = 6$$
この連立方程式を解いて
$$a = 1, \qquad b = -1, \qquad c = 5$$

問 43 次の等式が x についての恒等式となるように，定数 a, b, c, d, e の値を定めてください．

(1) $\dfrac{x+5}{3x^2-5x-2} = \dfrac{a}{x-2} + \dfrac{b}{3x+1}$

(2) $\dfrac{3x+2}{x(x^2+2)} = \dfrac{a}{x} + \dfrac{bx+c}{x^2+2}$

(3) $\dfrac{x^3+6x-15}{(x-1)(x-2)(x+3)} = 1 + \dfrac{a}{x-1} + \dfrac{b}{x-2} + \dfrac{c}{x+3}$

(4) $\dfrac{2x+3}{x(x-1)^2} = \dfrac{a}{x} + \dfrac{b}{x-1} + \dfrac{c}{(x-1)^2}$

(5) $\dfrac{1}{x^4-1} = \dfrac{a}{x-1} + \dfrac{b}{x+1} + \dfrac{cx+d}{x^2+1}$

(6) $\dfrac{1}{x(x^2+1)^2} = \dfrac{a}{x} + \dfrac{bx+c}{x^2+1} + \dfrac{dx+e}{(x^2+1)^2}$

問 44 a, b, c を異なる 3 つの数とするとき，次の等式は x についての恒等式であることを証明してください．
$$\frac{x^2}{(x-a)(x-b)(x-c)} = \frac{a^2}{(a-b)(a-c)(x-a)}$$
$$+ \frac{b^2}{(b-c)(b-a)(x-b)} + \frac{c^2}{(c-a)(c-b)(x-c)}$$

◆ **条件つきの等式**

等式のなかには，恒等式ではないけれども，ある条件のも

148 ③ 数学の威力を発揮する──方程式

とではつねに成り立つようなものもあります．簡単な一例を
あげましょう．

例 $x+y=1$ のとき，等式
$$x^2-x = y^2-y$$
が成り立つことを証明しなさい．

証明 与えられた条件から $x=1-y$

このことを用いて左辺を変形すると
$$左辺 = (1-y)^2-(1-y)$$
$$= 1-2y+y^2-1+y = y^2-y = 右辺$$

これで証明は終わりました．

別証
$$左辺-右辺 = (x^2-x)-(y^2-y)$$
$$= (x^2-y^2)-(x-y)$$
$$= (x-y)(x+y)-(x-y)$$
$$= (x-y)(x+y-1)$$

仮定によって $x+y-1=0$ ですから
$$左辺-右辺 = 0 \quad ゆえに \quad 左辺 = 右辺$$

問45 $a+b+c=0$ のとき，次の等式を証明してください．た
だし，(2)においては $a\neq0, b\neq0, c\neq0$ とします．

(1) $a^2-bc = b^2-ca = c^2-ab$

(2) $\dfrac{b^2-c^2}{a}+\dfrac{c^2-a^2}{b}+\dfrac{a^2-b^2}{c} = 0$

(3) $a^3+b^3+c^3 = 3abc$

◆ **比例式**

2つの0でない数 a, b に対して，$a:b$ という記号を考え，
これを**a と b との比**ということ，$\dfrac{a}{b}$ をこの**比の値**というこ
とは，おそらくすべての読者がよくご存知のことでしょう．
記号 $a:b$ は "a 対 b(a たい b)" と読まれます．

2つの比 $a:b$ と $c:d$ は，$\dfrac{a}{b}=\dfrac{c}{d}$ が成り立つときに等しい
と定めます．すなわち
$$a:b = c:d \Longleftrightarrow \frac{a}{b} = \frac{c}{d}$$
です．この意味で "比" と "比の値" とはしばしば同じ意味
に用いられます．

$a:b = c:d$ または $\dfrac{a}{b} = \dfrac{c}{d}$ のような式，あるいはもっと
一般に

$$a_1 : b_1 = a_2 : b_2 = \cdots = a_n : b_n$$

または

$$\frac{a_1}{b_1} = \frac{a_2}{b_2} = \cdots = \frac{a_n}{b_n}$$

のような式は**比例式**とよばれます．比例式を取り扱うときには，通常，私達はとくにことわらない限り，すべての分子および分母が 0 でないものと考えて，その式を処理することになっています．

例 $\dfrac{a}{b} = \dfrac{c}{d}$ のとき，次の比例式を証明しなさい．

$$\frac{a+b}{a-b} = \frac{c+d}{c-d}$$

証明 $\dfrac{a}{b} = \dfrac{c}{d} = k$ とおくと，$a = bk,\ c = dk$
よって

$$\frac{a+b}{a-b} = \frac{bk+b}{bk-b} = \frac{b(k+1)}{b(k-1)} = \frac{k+1}{k-1}$$

$$\frac{c+d}{c-d} = \frac{dk+d}{dk-d} = \frac{d(k+1)}{d(k-1)} = \frac{k+1}{k-1}$$

ゆえに

$$\frac{a+b}{a-b} = \frac{c+d}{c-d}$$

例 比例式 $\dfrac{b+c}{a} = \dfrac{c+a}{b} = \dfrac{a+b}{c}$ が成り立つとき，この比の値は 2 または -1 に等しいことを証明しなさい．

証明 $\dfrac{b+c}{a} = \dfrac{c+a}{b} = \dfrac{a+b}{c} = k$ とおくと

$$b+c = ak, \qquad c+a = bk, \qquad a+b = ck$$

これら 3 つの式を辺々加えると

$$2(a+b+c) = k(a+b+c)$$

よって $a+b+c \neq 0$ の場合には $k = 2$
また，$a+b+c = 0$ の場合には，$b+c = -a$ ですから

$$k = \frac{b+c}{a} = \frac{-a}{a} = -1$$

問46 $\dfrac{a}{b} = \dfrac{c}{d}$ のとき，次の比例式を証明してください．

(1) $\dfrac{a}{b} = \dfrac{c}{d} = \dfrac{pa+qc}{pb+qd}$ (2) $\dfrac{(a+b)^2}{ab} = \dfrac{(c+d)^2}{cd}$

(3) $\dfrac{a^2+c^2}{ab+cd} = \dfrac{ab+cd}{b^2+d^2}$ (4) $\dfrac{(a-c)^2}{(b-d)^2} = \dfrac{a^2+c^2}{b^2+d^2}$

$\dfrac{a}{a'} = \dfrac{b}{b'} = \dfrac{c}{c'}$ であることを $a : b : c = a' : b' : c'$ と書きます．記号 $a : b : c$ は "a 対 b 対 c" と読み，これを a, b, c の

連比といいます．同じようにして4つ以上の数の連比も考えることができます．

例 $a:b=5:6$, $b:c=9:14$ であるとき，$a:b:c$ をなるべく簡単な整数の比で表しなさい．

解 6と9の最小公倍数は18で
$$a:b = 5:6 = 15:18$$
$$b:c = 9:14 = 18:28$$
ゆえに $\quad a:b:c = 15:18:28$

例 $x:y:z=2:3:4$ であるとき，
$$3x+2y:9x-y:x+4z$$
を求めなさい．

解 $\dfrac{x}{2}=\dfrac{y}{3}=\dfrac{z}{4}=k$ とおけば
$$x=2k, \quad y=3k, \quad z=4k$$
したがって
$$3x+2y = 12k, \quad 9x-y = 15k, \quad x+4z = 18k$$
ゆえに
$$3x+2y:9x-y:x+4z = 12k:15k:18k$$
$$= 12:15:18$$
$$= 4:5:6$$

問47 次の連比を求めてください．
(1) $a:b=5:4$, $b:c=6:5$ のとき，$a:b:c$
(2) $a:b:c=4:3:2$ のとき，$a+2b:2a-b:5c$
(3) $a:b:c=4:3:2$ のとき，$a^2:b^2:c^2$

問48 $a:b:c=x:y:z$ のとき，次のことを証明してください．
(1) $(a^2+b^2+c^2):(x^2+y^2+z^2)$
$\quad = (ab+bc+ca):(xy+yz+zx)$
(2) $(a^2+b^2+c^2)(x^2+y^2+z^2) = (ax+by+cz)^2$

問49 a, b, c, s を与えられた正の数とするとき，
$$x:y:z = a:b:c, \quad x+y+z = s$$
となるような x, y, z を a, b, c, s で表してください．

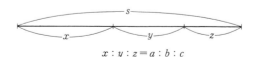

$x:y:z=a:b:c$

ユークリッドが愛好した背理法は，数学者の
もつすばらしい武器の1つである

G. H. ハーディ

4 大小関係をみる
――不等式

4.1 不等式の基本性質

　前章では方程式を扱いましたが，この章では不等式を扱い
ます．そしてこの章では私達はふたたび**実数の世界にもどり
ます**．

　方程式のところでは，すべての2次方程式が解をもつよう
にするために，数の範囲を実数よりひろげて複素数という数
の世界を考える必要がありました．しかし，これからはまた
――たとえば，"複素平面"の章で複素数はもっと堂々とした
実在感のある数として登場し，そのほかにもいろいろなとこ
ろで複素数に出会うことになるでしょうが――，そうした特
別の場所以外では，私達は原則として数というのは実数のこ
とであると考えます．とくに，不等号 >, ≧, <, ≦ の両側に
現れる数は必ず実数であると約束しなければなりません．こ
の約束は重要です！　数の大小関係を考えるのは実数の範囲

にかぎられるのです．実数と虚数の間とか，虚数どうしの間では，大小は考えません．よって，たとえ複素数の範囲で何かを考えている場合にも，不等式が出てきたときには，その両辺の数は実数であるとしなければなりません．このことは読者にしっかり記憶しておいていただきたいと思います．

では，なぜ数の大小関係を考えるのは実数の範囲だけにかぎられるのか？　なぜ複素数の間では大小は考えられないのか？　その理由は少しあとで述べます．もっとも，さしあたりたいせつなのは，そうした理由を知ることではありません．たいせつなのは，不等式を扱うときには，われわれは実数だけを考える——このことを読者が頭の中にしっかり定着させ，けっして忘れないようにする，ということなのです．

◆　不等式の基本性質

さて，不等式については，私達は経験的にすでにかなり多くのことを知っています．たとえば，水平に書いた数直線上の点として表したとき，a が b より大きいことは，点 a が点 b より右側にあることでした．また，正の数は原点より右側の点で，負の数は原点より左側の点で表されました．それからまた，2つの正の数の和や積は正であること，正の数と負の数の積は負であることなども私達は学びました．

しかし，これからは，私達はもっと体系的に不等式を取り扱い，それに対してしっかりとした論証的な態度でのぞむことにしようと思います．そのためには，不等式についていろいろなことを証明するときの基礎となるのはどういうことなのか，不等式の最も基本的な性質は何なのか，あるいは，どれだけのことを不等式の基本性質として仮定すればそれから不等式の他のすべての性質を導いてくることができるのか，というようなことを，ここで一度，きちんと考えておくのがよいでしょう．

私達はここで，今日の数学において常道とされている手法——いくつかのことがらを"公理"として認め，それからいっさいのことを導き出すという"公理的手法"——の1つの小さなサンプルに出会うことになります．数学という学問では，ある1つの体系のなかで，何かを証明しようとするとき，その証明のもとになっていることは何か？　さらにまたその

何かの証明のもとになっていることは何か？ …というように，だんだん基礎にさかのぼって行き，とうとういちばん基礎になっていると思われることがらにたどり着いたとき，それらを"公理"とよんで，それらは証明なしに認めることにし，しかしそれ以外のことは，すべてを"公理"から厳密な推論の積みかさねによってつぎつぎに導き出して行く，という手法をとるのです．これが数学全般に共通した，基本的な手法です．私はここで，不等式を対象として，こういう公理的手法の，1つのささやかなこころみをしてみることにしましょう．

不等式の"公理"は何か？ どういう性質を不等式の"公理"として選ぶのが適当か？ どれだけの性質を"公理"として承認すれば，不等式の他の諸性質をすべてそれから導き出せるのか？ こういったことが当面の私達の課題です．なお，当然のことですが，"公理"として認めるべきことがらは——そのあとの議論の展開を過度に技巧的にするのでないかぎり——，できるだけ少ないほうがよいのです！

ごく大まかな言い方をすれば，不等式の"公理"の選び方には2通りあります．ここでは私は，たぶん，読者に受け入れられやすく，かつ，不等式のいろいろな性質を導き出すのにも便利な，次の基本性質を公理として採用することにしましょう．

不等式の基本性質

1 2つの実数 a, b に対して
$$a > b, \quad a = b, \quad a < b$$
という3つの関係のうち，どれか1つだけが成り立つ．

2 $a > b, \ b > c \implies a > c$

3 $a > b \implies a + c > b + c$

4 $a > b, \ c > 0 \implies ac > bc$

もちろん，これらの基本性質は，読者が"何の疑いもなく"正しいものとして承認されるものに違いありません．私はここではこれらの基本性質を不等式の"公理"として採用することにします．すなわち，これらの性質は証明なしに正しいものと認め，これらをもとにして不等式の他の諸性質を，すべて導き出すことにするのです．

154 4 大小関係をみる──不等式

　私はさしあたりここで，私達が日常に使用する簡単な不等式の性質が，すべてこれらの基本性質から導かれるということを示すことにしましょう．（もっとも，私達が常用する不等式の性質というのも実はずいぶんたくさんあって，全部を列挙するのはちょっと困難かつ繁雑です．以下にあげる例は必ずしもすべてをつくしてはいません．しかし，以下の例をみれば，私達がふだん当然のこととして用いている不等式の諸性質は，どれも直ちに基本性質から導き出せるということが，容易になっとくしてもらえることだろうと思います．）

　さて基本性質から証明される諸性質を，以下に，引用の便宜上，それぞれ番号をつけてあげていくことにしましょう．

5　$a>b+c \Longleftrightarrow a-b>c$

証明　性質 **3** によって

　　$a>b+c$ のとき，両辺に $-b$ を加えれば

$$a-b>c$$

　　逆に，$a-b>c$ のとき，両辺に b を加えれば

$$a>b+c$$

上の **5** によれば，不等式においても，そのなかのある項を符号をかえて他の辺に移すことができます．すなわち，不等式においても**移項の法則**が成り立つのです．

6　$a>b \Longleftrightarrow a-b>0$

証明　**5** においてとくに $c=0$ とすれば，この結論が得られます．

7　$a<0 \Longleftrightarrow -a>0$

証明　性質 **3** によって

　　$a<0$ の両辺に $-a$ を加えれば　$0<-a$

　　逆に，$0<-a$ の両辺に a を加えれば　$a<0$

8　$-a>-b \Longleftrightarrow a<b$

証明　**6** によって

$$-a>-b \Longleftrightarrow (-a)-(-b)>0$$
$$\Longleftrightarrow b-a>0 \Longleftrightarrow b>a$$

9　$a>0,\ b>0 \Longrightarrow a+b>0$

証明　$a>0$ の両辺に b を加えると，性質 **3** によって

$$a+b>b$$

　　これと $b>0$ から，性質 **2** によって　$a+b>0$

10　$a>0,\ b>0 \Longrightarrow ab>0$

証明　$b>0$ ですから，$a>0$ の両辺に b を掛けると，性質 **4** によって
$$ab > 0b = 0$$
11　$a>b,\ c<0 \implies ac<bc$

証明　$c<0$ ですから，**7** によって $-c>0$

　　そこで $a>b$ の両辺に $-c$ を掛けると，性質 **4** によって
$$a(-c)>b(-c) \quad \text{すなわち} \quad -ac>-bc$$
　　ゆえに **8** によって　$ac<bc$

12　$a>0,\ b<0 \implies ab<0$

13　$a<0,\ b>0 \implies ab<0$

14　$a<0,\ b<0 \implies ab>0$

証明　**12**, **13**, **14** はどれも同じように証明できます．たとえば，**14** は，$a<0$ の両辺に b を掛け，**11** を用いると，$b<0$ ですから，
$$ab > 0b = 0$$
となります．

　さて，上の **10** と **14** によれば，$a>0$ でも $a<0$ でも
$$a^2 > 0$$
であることがわかります．（このことはすでに何べんも用いてきました．）とくに，$1=1^2$ ですから，$1>0$ です！

　何だって？　"1 が 0 より大きい"だって？　そんなことは当り前じゃないか？　証明するまでもないじゃないか？　皆さんはたぶん，こんなふうにおっしゃるでしょう．そうです．その通り，これは当り前です！　私達はこのことをとっくの昔に承知し，何の疑問もいだいてはいません．しかし皆さん，私達はいま，どういう立場に立っているのかをもう一度思い出してください．私達はここでは，不等式について，先にあげた基本性質 **1, 2, 3, 4** だけを証明なしに認めているが，そのほかのことは**すべて**これらの基本性質から証明しようとしているのです．そして，この基本性質のなかには "$1>0$ である" ことは含まれていません！

　とにかく，上で $1>0$ であることがわかりました．これからまた，次のような性質が導かれます．

15　$a>0 \implies \dfrac{1}{a}>0$

16 $a<0 \implies \dfrac{1}{a}<0$

証明　**15** について証明しましょう．$a>0$ であるとき，もし $\dfrac{1}{a}<0$ ならば，**12** により $a\cdot\dfrac{1}{a}=1<0$ となって，$1>0$ であることに矛盾します．したがって $\dfrac{1}{a}>0$ でなければなりません．

　16 の証明も同様です．

17　$a>0,\ b>0 \implies \dfrac{a}{b}>0$

18　$a>0,\ b<0 \implies \dfrac{a}{b}<0$

19　$a<0,\ b>0 \implies \dfrac{a}{b}<0$

20　$a<0,\ b<0 \implies \dfrac{a}{b}>0$

　17, 18, 19, 20 の証明はすべて練習問題として読者にまかせます．

21　$a>b,\ c>0 \implies \dfrac{a}{c}>\dfrac{b}{c}$

22　$a>b,\ c<0 \implies \dfrac{a}{c}<\dfrac{b}{c}$

　21, 22 の証明も練習問題とします．

問 1　**17, 18, 19, 20, 21, 22** を証明してください．

問 2　次のことを証明してください．
- (1)　$a>b,\ c>d \implies a+c>b+d$
- (2)　$a>b>0,\ c>d>0 \implies ac>bd$
- (3)　$a>b>0 \implies \dfrac{1}{a}<\dfrac{1}{b}$

　上では私達は基本性質 **1, 2, 3, 4** から，**5～22** のような不等式のいろいろな性質を導きました．実際上，これらの簡単な性質は読者がすでによく知っているものばかりです．これからは，私達は不等式について論ずるときに，基本性質のみならず，これらの性質も自由に用いることにします．

　なお，この項では"等号つき不等式"のことはまだ述べていませんでしたが，

$$a>b \quad \text{または} \quad a=b$$

であることを $a \geqq b$ で表すこともよく知っている通りです.
そして, この "等号つき不等式" についても, 上にあげてき
た諸性質と類似の性質, たとえば

$$a \geqq b, \ b \geqq c \implies a \geqq c$$
$$a \geqq b \iff a - b \geqq 0$$
$$a \geqq b, \ c > 0 \implies ac \geqq bc$$

等々, が成り立ちます. しかし, 私はもう, これらの性質に
ついては, それらを列挙したり, いちいち証明したりするこ
とはしません. 必要に応じて, 読者は, 自分でそうした性質
を容易に証明することができるでしょう. 私はここでは, た
だ簡単な練習問題を 2 つ読者に提供するだけにとどめます.

問 3 $a \geqq b, c \geqq d$ のとき, $a + c \geqq b + d$ であることを証明して
ください. また, $a \geqq b, c \geqq d$ で $a + c = b + d$ ならば, $a = b$
かつ $c = d$ であることを証明してください.

問 4 任意の 2 つの実数 a, b に対して $a^2 + b^2 \geqq 0$ であること
を証明してください. また, $a^2 + b^2 = 0$ ならば $a = b = 0$ であ
ることを証明してください.

◆ 基本性質の他の選び方

上では私達は 153 ページの性質 $1, 2, 3, 4$ を不等式の "公
理" として採用し, 不等式の他の諸性質はすべてそこから導
き出しました. しかし, 不等式の "公理" としては, べつの
ものをとることもできます. 話の公平さを保つために, 次に,
その "べつの公理" を述べておくことにしましょう. (この話
は一種の "付録" です. われわれの課程のほんすじとはほと
んど関係がありません. 読者がもし, こうした "公理" の話
に興味をもたず, そこに立ちどまることを欲しないならば,
この部分を省略して先に進んでも, いっこうにさしつかえあ
りません.)

私はいま, 前項で基本性質 $1, 2, 3, 4$ から導いた諸性質のう
ち, とくに "正の数" に関する性質の基本的なものに着目し
たいと思います. まず, 基本性質の 1 によれば, 任意の実数
a, b に対して, $a > b, a = b, a < b$ という 3 つの関係のうち,
1 つだけが成り立ちますから, とくに $b = 0$ とすれば, 任意の
実数 a に対して

$$a > 0, \qquad a = 0, \qquad a < 0$$

という3つの関係のうち，1つだけが成り立つことになります．そして，性質**7**によれば，$a<0$ であることは $-a>0$ であることと同値です．ゆえにいま，不等号を使うかわりに，ふつうのように，$a>0$ であることを"a は正である"と言葉で述べることにすれば，上記のことは次のように表現されます．

　<u>a を実数とすれば，"a は正である"か"$a=0$ である"か"$-a$ は正である"か，3つの場合のうちのいずれか1つだけが起こる．</u>

　また，性質の**9**と**10**は次のように表現されます．

　<u>a および b がともに正ならば，和 $a+b$ や積 ab も正である．</u>

　上にアンダーラインを引いて書いた2つの性質は，"正の数"に関する基本的な性質です．前項では，私達は基本性質 **1, 2, 3, 4** を"公理"として，それらから，正の数に関するこれらの性質を導いたのでした．その意味で，これらの性質は"定理"でした．しかし実は，逆に，正の数に関するこれらの性質を，不等式の"公理"として採用することもできるのです．すなわち，これらの性質を"公理"として認めれば，逆に，前項の基本性質 **1, 2, 3, 4** を導き出すことができるのです．印象を鮮明にするために，私は，上にいった2つの性質を，**正の数の基本性質**として，もう一度はっきり書いておくことにしましょう．

正の数の基本性質

　A　a を実数とすれば，"a は正である"か"$a=0$ である"か"$-a$ は正である"か，3つの場合のうちのいずれか1つだけが起こる．

　B　a および b がともに正ならば，和 $a+b$ や積 ab も正である．

　上に掲出した正の数に関する基本性質 **A, B** について1つの特徴的なことは，これらの性質には"正の数"という概念が用いられているだけで，最初には（少なくとも表面的には）不等式そのものは全く姿を現していないということです．これは注意に値します．とくに"公理"の形態に興味をもつ読

者はこのことに注目しておかれるのがよいでしょう.

さて私達が現在問題としているのは, これらの基本性質 **A, B** が不等式の "新しい公理" となりうること, すなわち, これらの性質 **A, B** を "公理" として承認すれば, 前項の基本性質 **1, 2, 3, 4** がそこから "定理" として導き出されるということです. そのためには, まず **A, B** を基準として, 適当なしかたによって不等式を定義しておかなければなりません. しかし, その定義のしかたは, 前項の性質 **6** によって, 決定的に示唆されています. すなわち, 私達は,

$$a > b$$

であるというのは,

"$a - b$ が正の数である"

ことと定義するのです. この定義によれば, とくに $a > 0$ であることは "a が正の数である" ことと同値になります.

さて上のように $a > b$ という関係を定めたとき, 前項の基本性質 **1, 2, 3, 4** がすべて導き出されるということを次に証明しましょう. 以前のページを繰るのが面倒な人のために, 私は再度, 基本性質 **1, 2, 3, 4** を以下に 1 つ 1 つ再録し, それに対して 1 つ 1 つ証明を述べることにしましょう.

1 2 つの実数 a, b に対して

$$a > b, \qquad a = b, \qquad a < b$$

という 3 つの関係のうち, どれか 1 つだけが成り立つ.

証明 正の数の性質 **A** によって, 2 つの実数 a, b に対して

$$a - b \text{ は正である} \qquad \qquad ①$$
$$a - b = 0 \text{ である} \qquad \qquad ②$$
$$-(a - b) \text{ は正である} \qquad \qquad ③$$

という 3 つの場合のいずれか 1 つだけが成り立ちます. 定義によって, ① のときは $a > b$ です. また, ③ のときには $-(a - b) = b - a$ ですから, 定義によって $b > a$, したがって $a < b$ です. また, ② のときにはもちろん $a = b$ となります. これで, $a > b$, $a = b$, $a < b$ という 3 つの関係のうちのいずれか 1 つだけが成り立つことがわかりました.

2 $a > b$, $b > c \implies a > c$

証明 $a > b$, $b > c$ ならば, $a - b$, $b - c$ はともに正です.

160　4　大小関係をみる──不等式

ゆえに正の数の性質 **B** によって，和
$$(a-b)+(b-c) = a-c$$
も正となります．これは $a>c$ であることを意味しています．

3　$a>b \implies a+c>b+c$

証明　$a>b$ ならば $a-b$ は正で，
$$(a+c)-(b+c) = a-b$$
ですから，$(a+c)-(b+c)$ も正となります．ゆえに $a+c>b+c$ です．

4　$a>b,\ c>0 \implies ac>bc$

証明　$a>b,\ c>0$ ならば，$a-b, c$ はともに正です．ゆえに正の数の性質 **B** によって，積
$$(a-b)c = ac-bc$$
も正となります．したがって，$ac>bc$ です．

　以上で，**A, B** から前項の性質 **1, 2, 3, 4** がすべて導き出されました．ゆえに **A, B** を前項の **1, 2, 3, 4** のかわりに不等式の "公理" として採用することもできます．これが，この項においてわれわれが主張したいことであったのです．

◆　複素数の間ではなぜ大小を考えることができないか？

　本節の最後に，複素数の間ではなぜ大小が考えられないか，その理由を述べておきましょう．実をいうと，"複素数の間では大小の順序が考えられない" というのは，少し誤解を招く言い方です．これは必ずしも正確な言い方ではありません．というのは，いかなる意味においても複素数の間にはけっして大小の順序をつけることができない，というわけではないからです．もし──それが数学的に十分意味をもつものであるかどうかはべつとして──私達が複素数の間に順序をつけようと思うならば，いかようにでも順序をつけることができます．ふつう "複素数の間には大小の順序は考えられない" というのは，正確にいえば，前に述べた不等式の基本性質 **1, 2, 3, 4** を満たすような大小の順序は考えることができない，という意味なのです．すなわち，基本性質の **1** の "2 つの実数" とあるところを "2 つの複素数" にかえ，以下 **1, 2, 3, 4** のなかのすべての文字を一般に複素数としたときに，これらの性質がすべて満たされるような大小の順序を複素数の間に定

義することはできない，ということなのです．

その理由はすこぶる簡単です．実際，かりに複素数の間で基本性質 $\mathbf{1,2,3,4}$ を満たすような順序が定義できたとしましょう．そのときには，155 ページで述べたように，任意の複素数 a についても $a^2>0$ とならなければなりません．とくに $1=1^2>0$ となり，したがって $-1<0$ となります．ところが虚数単位 i を考えると

$$i^2 = -1$$

となっていて，この左辺は正の数，右辺は負の数です．これは矛盾です！　以上で，複素数の間では基本性質 $\mathbf{1,2,3,4}$ を満たすような大小の順序は定義できないことが証明されました．

4.2 不等式の解法

たとえば，文字 x を含む不等式

$$2x-3 > 5 \qquad ①$$

を考えてみましょう．この不等式の x に

5 を代入すると左辺の値は　$2\cdot5-3 = 7$

10 を代入すると左辺の値は　$2\cdot10-3 = 17$

となって，この不等式は成り立ちます．しかし，x に

3 を代入すると左辺の値は　$2\cdot3-3 = 3$

-2 を代入すると左辺の値は　$2\cdot(-2)-3 = -7$

となって，この不等式は成り立ちません．すなわち，不等式 ① は x の値によって成り立ったり，成り立たなかったりします．このような不等式については，x のどんな値に対してその不等式が成り立つかということが問題になります．

一般に，文字 x を含むある不等式が与えられたとき，その不等式を成り立たせるような x の値全体の集合を，その不等式の**解**とよびます．不等式を成り立たせる x の個々の値のこともやはり"解"とよぶことがありますが，ふつうは，単に不等式の"解"といった場合には，不等式を成り立たせる x の値全体の集合のことを意味しています．そして不等式の解を求めることを，不等式を**解く**といいます．

さしあたりここでは，私は 1 次不等式と 2 次不等式の解き方を論じておくことにしましょう．ここで述べる解き方は，

162   4 大小関係をみる──不等式

代数的な"式の計算"だけを用いています．実際には，いろ
いろな不等式を解くのには──すでに2次不等式の場合にお
いてさえそうなのですが──，単に式の計算ばかりによらず，
"関数のグラフ"を利用して考えたほうが，視覚的にもわかり
やすく，また効率的なのです．しかし，そうした"グラフを
利用した解法"については，次の"関数"の章でまたくわし
く考えることにしましょう．

◈　1次不等式

移項して整理した結果が，$P(x)$ を x の1次式として

$$P(x) > 0, \qquad P(x) \geqq 0, \qquad P(x) < 0, \qquad P(x) \leqq 0$$

のいずれかの形になる不等式を，x についての**1次不等式**と
よびます．

1次不等式は，不等式の基本性質を用いて，簡単に解くこ
とができます．次の例をみてみましょう．

例　不等式 $\dfrac{1}{2}x+4 > \dfrac{4}{3}x-1$ を解きなさい．

$\boxed{\text{解}}$　両辺を6倍すると

$$3x+24 > 8x-6$$

$8x$ を左辺に移項し，24 を右辺に移項すれば

$$3x-8x > -6-24$$

すなわち　　　　　　$-5x > -30$

両辺を -5 で割れば　$x < 6$

〈答〉　$x < 6$

ついでながら，ここで39ページに説明した"集合の記法"
のことを思い出しておきましょう．そこで述べたように，一
般に，x についてのある条件が与えられたとき，その条件を
満たす x 全体の集合を

$$\{x \mid x \text{ の満たす条件}\}$$

という記法で表すのでした．上の例の不等式の解は，正しく
いえば，"$x < 6$ という条件を満たす実数 x 全体の集合"で
す．したがって，正確には，それは

$$\{x \mid x < 6\}$$

と書くべきものです．（ただし，ここでは，文字 x が実数を
表していることは暗黙のうちに了解されているものとしま
す．）　しかし，不等式の解をいつもこのようにきちんと集合

の記法を使って書く必要はありません．読者の健全な判断力に期待すれば，上の例の〈答〉の "$x<6$" という書き方で，おそらく，ほとんどの人が，これは，この不等式を満たすのが "$x<6$ という条件を満たす実数全体の集合である"，すなわち集合の形式的な記法を用いるならば $\{x \mid x<6\}$ のことである，と自然に解釈されるでしょう．それゆえ，私達はふつうには，上の例の〈答〉のように，単に答を "$x<6$" というように書くことにするのです．

例　次の2つの不等式を同時に成り立たせる x の値の範囲を求めなさい．[注意： "範囲" というと日常語の気分がし，"集合" というと何となく重々しく感じますが，要するに同じことです．]

$$2x-3 < 4x+5 \qquad ①$$
$$7x-5 \leqq 3x+9 \qquad ②$$

解　①の $4x$ を左辺に，-3 を右辺に移項すれば
$$-2x < 8$$
両辺を -2 で割れば　　$x > -4$

②の $3x$ を左辺に，-5 を右辺に移項すれば
$$4x \leqq 14$$
両辺を 4 で割れば　　$x \leqq \dfrac{7}{2}$

ゆえに①と②を同時に成り立たせる x の値の範囲は $-4 < x \leqq \dfrac{7}{2}$ です．

〈答〉　$-4 < x \leqq \dfrac{7}{2}$

例　次の不等式を解きなさい．
(1)　$|x-2| \leqq 3$　　(2)　$|x-2| > 3$

解　実数 a に対して，絶対値 $|a|$ は原点と点 a との距離を表していますから
$$|a| \leqq 3 \iff -3 \leqq a \leqq 3$$
$$|a| > 3 \iff a < -3 \text{ または } 3 < a$$
となります．

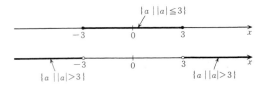

よって
(1) $|x-2| \leqq 3$ を書きなおせば
$$-3 \leqq x-2 \leqq 3$$
$-3 \leqq x-2$ を解けば $-1 \leqq x$
$x-2 \leqq 3$ を解けば $x \leqq 5$
〈答〉 $-1 \leqq x \leqq 5$

(2) $|x-2| > 3$ を書きなおせば
$x-2 < -3$ または $3 < x-2$
$x-2 < -3$ を解けば $x < -1$
$3 < x-2$ を解けば $5 < x$
〈答〉 $x < -1,\ 5 < x$

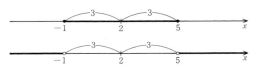

[注意：上に(2)の答を "$x<-1,\ 5<x$" と書いてあるのは，正確にいえば，この不等式の解が，集合 $\{x|x<-1\}$ と集合 $\{x|5<x\}$ とを合わせたものであることを意味しています．]

例題 分子と分母の和が 80 である既約分数があって，小数になおすと 0.7 より大きく 0.8 より小さくなります．この分数を求めてください．

解 分母を x，分子を y とすると，題意によって
$$x + y = 80 \qquad ①$$
$$0.7 < \frac{y}{x} < 0.8 \qquad ②$$
となります．②の各辺に $10x$ を掛ければ
$$7x < 10y < 8x \qquad ③$$
①から $y = 80 - x$ ですから，これを③に代入すると
$$7x < 10(80-x) < 8x$$

そこで $7x < 10(80-x)$ を解くと

$$17x < 800 \quad より \quad x < 47.05\cdots$$

また $10(80-x) < 8x$ を解くと

$$800 < 18x \quad より \quad x > 44.44\cdots$$

ゆえに

$$44.44\cdots < x < 47.05\cdots$$

ところで，われわれが考察している状況から当然のこ
とながら x は整数ですから，この不等式を満たす x は

$$x = 45, \ 46, \ 47$$

のいずれかです．これらの値を①に代入して y を求め
ると $y = 35, 34, 33$ となり，したがって

$$\frac{y}{x} = \frac{35}{45}, \frac{34}{46}, \frac{33}{47}$$

となります．しかし，これらのうち $\frac{35}{45}, \frac{34}{46}$ は既約分数で
はありません．よって題意に適する分数は $\frac{33}{47}$ だけです．

$$\langle 答 \rangle \quad \frac{33}{47}$$

問5 次の不等式を解いてください．

(1) $2x - 7 > -15$　　(2) $3x - 8 \leqq 20 - 4x$

(3) $\dfrac{2x+3}{4} \geqq \dfrac{3x+4}{5}$　　(4) $\dfrac{x-1}{2} - \dfrac{2x-9}{3} < \dfrac{x}{4}$

問6 次の2つの不等式を同時に成り立たせる x の値の範囲
を求めてください．

(1) $17 - 5x \leqq 50 + 6x, \quad 3x + 11 > 5x + 7$

(2) $\dfrac{x}{2} > \dfrac{x-1}{3}, \quad \dfrac{x}{5} > \dfrac{x-1}{6}$

問7 次の不等式を解いてください．

(1) $|x-1| < 3$　　(2) $|2x-5| > 5$　　(3) $|2x+1| \leqq 5$

問8 何個かのボールと何個かの箱があります．1つの箱に9
個ずつボールを入れたら30個余りました．そこで次に，1つ
の箱に12個ずつボールを入れたら，最後の箱だけは12個よ
り少なくはいりました．ボールの個数を求めてください．

◆ **2次不等式**

移項して整理すると，$P(x)$ を2次式として

$$P(x) > 0, \quad P(x) \geqq 0, \quad P(x) < 0, \quad P(x) \leqq 0$$

のいずれかの形になる不等式を，x についての**2次不等式**と
よびます．

たとえば，次の2つの2次不等式
$$x^2+x-6 > 0 \qquad ①$$
$$x^2+x-6 < 0 \qquad ②$$
を解いてみましょう．

①，②の左辺は $(x+3)(x-2)$ と因数分解され，因数 $x+3$，$x-2$ の符号はそれぞれ次のようになります．

$x<-3$, $x=-3$, $-3<x$ に応じて
$$x+3 < 0, \quad x+3 = 0, \quad x+3 > 0$$

$x<2$, $x=2$, $2<x$ に応じて
$$x-2 < 0, \quad x-2 = 0, \quad x-2 > 0$$

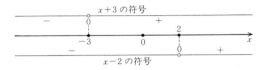

したがって $(x+3)(x-2)$ の符号は次の表のようになります．

x	$x<-3$	-3	$-3<x<2$	2	$2<x$
$x+3$	$-$	0	$+$	$+$	$+$
$x-2$	$-$	$-$	$-$	0	$+$
$(x+3)(x-2)$	$+$	0	$-$	0	$+$

この表より，不等式 ① の解は集合 $\{x \mid x<-3\}$ と $\{x \mid 2<x\}$ とを合わせたもの，不等式 ② の解は集合 $\{x \mid -3<x<2\}$ であることがわかります．

これらの解を，ふつう，

不等式 ① の解は　$x<-3$,　　$2<x$

不等式 ② の解は　$-3<x<2$

のように簡単に書き表します．

次に，一般の2次式 $P(x)=ax^2+bx+c$ について，2次不等式
$$P(x) > 0, \quad P(x) \geqq 0, \quad P(x) < 0, \quad P(x) \leqq 0$$

を考えてみましょう．ここでわれわれは x^2 の係数 a が正である場合だけを調べておけば十分です．なぜなら，たとえば
$$-2x^2+7x+15 > 0$$
のような不等式は，両辺に -1 を掛けると
$$2x^2-7x-15 < 0$$
と書きなおされ，この2次不等式においては x^2 の係数が正になっているからです．

そこで以下では <u>$a>0$</u> として，2次式 $P(x)=ax^2+bx+c$ を考えましょう．私はいま，実数 x のいろいろな値に対してこの式の符号を調べたいと思うのですが，そのために，2次方程式 $P(x)=0$，すなわち
$$ax^2+bx+c = 0$$
の判別式を $D=b^2-4ac$ として，この判別式 D の符号によって場合分けして考えてみていこうと思います．

1　$D>0$ の場合

このときには2次方程式 $P(x)=0$ は異なる2つの実数解 α, β をもち，$P(x)$ は
$$P(x) = a(x-\alpha)(x-\beta)$$
と因数分解されます．$a>0$ ですから，$P(x)$ の符号は
$$(x-\alpha)(x-\beta)$$
の符号と同じです．いま $\alpha<\beta$ として，数直線を2点 α, β で3つの部分に分割すると，分割した2点 α, β における $(x-\alpha)(x-\beta)$ の値はもちろん0で，また分割された3つの部分における $(x-\alpha)(x-\beta)$ の符号は，因数 $x-\alpha, x-\beta$ の符号を調べることによって，次の表のようになります．

x	$x<\alpha$	α	$\alpha<x<\beta$	β	$\beta<x$
$x-\alpha$	$-$	0	$+$	$+$	$+$
$x-\beta$	$-$	$-$	$-$	0	$+$
$(x-\alpha)(x-\beta)$	$+$	0	$-$	0	$+$

この $(x-\alpha)(x-\beta)$ の符号は次の図のように図示することができます．ただし，点 α, β における $(x-\alpha)(x-\beta)$ の値は0です．

168　④　大小関係をみる──不等式

上の表あるいは図から，次の結論が得られます．

> **$D>0$ の場合**
>
> $a>0$, $\alpha<\beta$ のとき，2次不等式
>
> $\qquad a(x-\alpha)(x-\beta)>0$　の解は　$x<\alpha,\ \beta<x$
>
> $\qquad a(x-\alpha)(x-\beta)\geqq0$　の解は　$x\leqq\alpha,\ \beta\leqq x$
>
> $\qquad a(x-\alpha)(x-\beta)<0$　の解は　$\alpha<x<\beta$
>
> $\qquad a(x-\alpha)(x-\beta)\leqq0$　の解は　$\alpha\leqq x\leqq\beta$

2　$D=0$ の場合

このときには2次方程式 $P(x)=0$ は重解 α をもち，$P(x)$ は

$$P(x) = a(x-\alpha)^2$$

と因数分解されます．つねに $(x-\alpha)^2\geqq0$ で，これが0となるのは $x-\alpha=0$ すなわち $x=\alpha$ のときにかぎります．$a>0$ と仮定していますから，したがってつねに $P(x)\geqq0$ であり，$x=\alpha$ のときにかぎって $P(x)=0$ となります．ゆえに次のことがわかります．

> **$D=0$ の場合**
>
> $a>0$ のとき，2次不等式
>
> $\quad a(x-\alpha)^2>0$　の解は　**α 以外のすべての実数**
>
> $\quad a(x-\alpha)^2\geqq0$　の解は　**実数全体**
>
> $\quad a(x-\alpha)^2<0$　の解は　**ない**
>
> $\quad a(x-\alpha)^2\leqq0$　の解は　**$x=\alpha$**

3　$D<0$ の場合

このときには2次方程式 $P(x)=0$ は実数解をもちません．そして次の変形からわかるように，$P(x)$ はすべての実数 x に対してつねに正の値をとります．

$$\begin{aligned}
P(x) = ax^2+bx+c &= a\Big(x^2+\frac{b}{a}x\Big)+c \\
&= a\Big(x^2+\frac{b}{a}x+\frac{b^2}{4a^2}\Big)-\frac{b^2}{4a}+c \\
&= a\Big(x+\frac{b}{2a}\Big)^2-\frac{b^2-4ac}{4a} \\
&= a\Big(x+\frac{b}{2a}\Big)^2-\frac{D}{4a}
\end{aligned}$$

$a>0$ と仮定していますから，つねに $a\Big(x+\dfrac{b}{2a}\Big)^2\geqq0$ で，また $D<0$ ですから $-\dfrac{D}{4a}>0$ です．したがって，すべての実数

4.2 不等式の解法　　169

x に対して

$$P(x) = a\left(x + \frac{b}{2a}\right)^2 - \frac{D}{4a} > 0$$

となるのです．ゆえにこの場合については，次の結論が得られます．

$D<0$ の場合

$a>0,\ D=b^2-4ac<0$ のとき，2次不等式

$\quad ax^2 + bx + c > 0$　　の解は　**実数全体**

$\quad ax^2 + bx + c \geqq 0$　　の解は　**実数全体**

$\quad ax^2 + bx + c < 0$　　の解は　**ない**

$\quad ax^2 + bx + c \leqq 0$　　の解は　**ない**

以上で私達は，x^2 の係数が正である2次式 $P(x)$ について，2次不等式

$\quad P(x) > 0, \qquad P(x) \geqq 0, \qquad P(x) < 0, \qquad P(x) \leqq 0$

の解の完全なリストを作ることができました．

もちろん，x^2 の係数が負である2次不等式についても，同様のリストを作ることができます．しかし前にもいったように，そのような2次不等式は両辺に -1 を掛けて x^2 の係数を正になおしてから，上の結論を適用したほうがよいでしょう．

例　次の2次不等式を解きなさい．

(1)　$x^2 - 5x + 6 > 0$　　　(2)　$x^2 - 2x - 1 \leqq 0$

(3)　$15 + 7x - 2x^2 > 0$　　(4)　$4x^2 + 12x + 9 > 0$

(5)　$x^2 + 2x + 2 > 0$　　　(6)　$x^2 + 2x + 2 \leqq 0$

$\boxed{\text{解}}$　(1)　2次方程式 $x^2 - 5x + 6 = 0$ の解は　$x = 2,\ 3$

$\qquad\qquad\qquad\qquad\qquad$〈答〉　$x < 2,\ 3 < x$

(2)　方程式 $x^2 - 2x - 1 = 0$ の解は

$\qquad\qquad\qquad x = 1 \pm \sqrt{2}$

で，もちろん $1 - \sqrt{2} < 1 + \sqrt{2}$．したがって

$\qquad\qquad\qquad$〈答〉　$1 - \sqrt{2} \leqq x \leqq 1 + \sqrt{2}$

(3)　両辺に -1 を掛ければ $2x^2 - 7x - 15 < 0$

方程式 $2x^2 - 7x - 15 = 0$ の解は　$x = -\dfrac{3}{2},\ 5$

$\qquad\qquad\qquad\qquad$〈答〉　$-\dfrac{3}{2} < x < 5$

(4)　方程式 $4x^2 + 12x + 9 = 0$ は重解 $x = -\dfrac{3}{2}$ をもちま

す．したがって

〈答〉 $-\dfrac{3}{2}$ 以外のすべての実数

［注意：簡単に" $x \neq -\dfrac{3}{2}$ "と書いてもよい．］

(5) 方程式 $x^2+2x+2=0$ は実数解をもちません．
よって 〈答〉 実数全体

(6) 〈答〉 （解は）ない

例 次の2つの不等式を同時に成り立たせる x の値の範囲を求めなさい．

$$x^2+6x+5>0, \quad 2x^2-3x-20 \leq 0$$

解 方程式 $x^2+6x+5=0$ を解くと

$(x+1)(x+5)=0$ より $x=-1, -5$

したがって，不等式 $x^2+6x+5>0$ の解は

$$x<-5, \quad -1<x \qquad ①$$

方程式 $2x^2-3x-20=0$ を解くと

$(x-4)(2x+5)=0$ より $x=-\dfrac{5}{2}, 4$

したがって，不等式 $2x^2-3x-20 \leq 0$ の解は

$$-\dfrac{5}{2} \leq x \leq 4 \qquad ②$$

求めるのは①と②を同時に満たすような x の範囲ですから，図からわかるように $-1<x \leq 4$ となります．

〈答〉 $-1<x \leq 4$

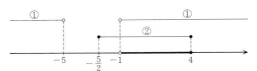

例題 2次方程式 $x^2-2kx+(3-2k)=0$ が異なる2つの実数解をもつように，定数 k の値の範囲を定めてください．

解 判別式を D とすると

$$\dfrac{D}{4} = k^2-(3-2k) = k^2+2k-3$$

異なる2つの実数解をもつのは $D>0$ のときですから

$$k^2+2k-3>0, \quad (k-1)(k+3)>0$$

ゆえに 〈答〉 $k<-3, 1<k$

4.3 不等式の証明　*171*

問9　次の 2 次不等式を解いてください.

(1)　$(x-2)(2x+3) > 0$　　(2)　$(4+x)(5-2x) \leqq 0$

(3)　$x^2-7x+12 < 0$　　(4)　$x^2-2x-24 \leqq 0$

(5)　$x^2-4x+2 \geqq 0$　　(6)　$10+x-2x^2 > 0$

(7)　$x^2+8x+16 > 0$　　(8)　$-2x^2 \geqq 0$

(9)　$x^2-x+1 > 0$　　(10)　$4x^2+5 < 6x$

(11)　$5x-10x^2 < 2$　　(12)　$2x^2+3x-4 \leqq x^2+x$

問10　次の 2 つの不等式を同時に成り立たせる x の値の範囲
　を求めてください.

(1)　$x^2-x-6 > 0,$　　$2x^2+3x-5 < 0$

(2)　$x^2 > 1,$　　$x^2-2x-8 \leqq 0$

(3)　$x^2-7x+10 \geqq 0,$　　$2x^2-5x-3 > 0$

(4)　$3x^2+4x-4 < 0,$　　$2x^2+9x-5 \leqq 0$

(5)　$x^2+2x-35 \geqq 0,$　　$|x-2| < 10$

問11　次の 2 つの不等式を同時に成り立たせる x の整数値を
　求めてください.
$$x^2-3x-10 \geqq 0, \qquad x^2-2x-40 < 0$$
［ヒント：解答で $\sqrt{41}$ の大きさを調べる必要が起こりますが,
$36<41<49$ ですから $6<\sqrt{41}<7$ です.］

問12　次のそれぞれの場合に定数 k の値の範囲はどのように
　なりますか. その範囲を求めてください.

(1)　2 次方程式 $x^2+(k+3)x+1=0$ が異なる 2 つの実数解
をもつ.

(2)　2 次方程式 $x^2-2(k-1)x+4k=0$ が実数解をもつ.

(3)　2 次方程式 $x^2+2(2k+1)x-(k^2-1)=0$ が虚数解をも
つ.

問13　次の 2 つの 2 次方程式の一方は異なる 2 つの実数解を,
　他方は虚数解をもつように, 定数 a の値の範囲を定めてくだ
　さい.
$$x^2-ax+4=0, \qquad x^2+2x-a=0$$

4.3　不等式の証明

　前節では私達は"不等式を解く"ことを扱いました. すな
わち, 文字 x を含む不等式があって, それが x の値によって
成り立ったり成り立たなかったりするとき, その不等式を成
り立たせるような x の値全体の集合を不等式の解とよび, そ
れを求めることを問題としてきたのです.

それに対してこの節では，私達は"不等式を証明する"ことをあつかおうと思います．

たとえば，$a > b > c$ という仮定があれば，私達は，不等式
$$(a-b)(b-c) > 0$$
を証明することができます．［証明：$a > b > c$ ならば
$$a - b > 0, \qquad b - c > 0.$$
そして正の数の積は正ですから
$$(a-b)(b-c) > 0$$
となります．］私達がこの節で扱うのは，このような"不等式の証明"です．不等式と等式とを対照させてみれば，"不等式を解く"ことは"方程式を解く"ことに対応し，"不等式を証明する"ことは，恒等式あるいは条件つき等式のような"等式を証明する"ことに対応しています．

◆ 大小の判定

　私は前に 153 ページに不等式の基本性質 **1, 2, 3, 4** をかかげ，そのページから 156 ページにかけて，**5, 6, 7, $\cdots$, 20, 21, 22** のような，不等式についての初等的な諸性質を導き出しました．"不等式の証明"においては，もちろん，これらの初等的な諸性質は自由に用いてさしつかえありません．とくに，154 ページの **6**, すなわち
$$a > b \iff a - b > 0$$
は，不等式の証明において，基本的な手段となる性質です．この性質の a と b を入れかえ，$b - a > 0$ と $a - b < 0$ とが同値であることに注意すれば，
$$a < b \iff a - b < 0$$
という性質も得られます．等号つきの場合も含めて，もう一度，これらの性質を書き出しておきましょう．

$$\boxed{\begin{array}{ll} a > b \iff a - b > 0, & a < b \iff a - b < 0 \\ a \geqq b \iff a - b \geqq 0, & a \leqq b \iff a - b \leqq 0 \end{array}}$$

　これらの性質は，要するに，2 つの実数の大小を判定するには，それらの差をとって，その符号を調べればよいということを私達に示しています．これは簡単なことですが，基本的です．これをわざわざ上に太字で書き出したのは，実際上，2 つの実数の大小の判定には，これらの性質を用いることが

4.3 不等式の証明   173

非常に多いからです.

例 $a > c$, $b > d$ のとき, 不等式
$$ab + cd > ad + bc$$
が成り立つことを証明しなさい.

証明 $A = ab + cd$, $B = ad + bc$ とおくと
$$\begin{aligned}
A - B &= (ab + cd) - (ad + bc) \\
&= (ab - ad) + (cd - bc) \\
&= a(b - d) - c(b - d) \\
&= (a - c)(b - d)
\end{aligned}$$
$a > c$, $b > d$ ですから $a - c > 0$, $b - d > 0$. したがって
$$A - B = (a - c)(b - d) > 0$$
ゆえに
$$A > B$$

問14 $a > b > c > d$ のとき, 次の不等式を証明してください.
$$ab + cd > ac + bd > ad + bc$$

◆ **平方和の性質**

任意の実数 a に対して $a^2 \geqq 0$ であって, $a^2 = 0$ となるのは $a = 0$ のときにかぎる, ということは, これまで本書で何回も述べてきました. これをくり返して述べるのは, やはりそれが基本的に重要なことがらで, 読者の頭にしっかりきざみ込まれる必要があるからです. この事実と, 正の数の和は正であるということから,

    任意の実数 a, b に対して $a^2 + b^2 \geqq 0$ であって,
    $a^2 + b^2 = 0$ となるのは $a = b = 0$ のときにかぎる

ということも導かれます. (これは 157 ページに問 4 として出しておきました.) 2 個の実数の平方和ばかりではなく, 3 個の実数の平方和, 4 個の実数の平方和, … に対しても, まったく同様のことが成り立ちます. 私は次に 3 個の実数の平方和の場合を代表的に定理の形に述べておくことにしましょう.

任意の実数 a, b, c に対して
$$a^2 + b^2 + c^2 \geqq 0$$
ここで, 等号が成り立つのは $a = b = c = 0$ のときにかぎる.

174　④　大小関係をみる——不等式

　　平方和に関して上に述べた性質も，不等式の証明において，しばしば基本的な役割を演じます.

例　不等式 $a^2+b^2 \geqq ab$ を証明しなさい. また, この不等式が等号で成り立つのは $a=b=0$ のときにかぎることを証明しなさい.

［注意：ここで "不等式を証明せよ" というのは, "任意の実数 a, b に対してこの不等式が成り立つことを証明せよ" という意味です. 一般に, 単に "不等式を証明せよ" といった場合には, そのなかに含まれる文字がどんな実数であっても必ずその不等式が成り立つことを証明せよ, という意味に解釈しなければなりません.］

証明　**1**　まず $a^2+b^2 \geqq ab$ を証明するために, a^2+b^2-ab を次のように変形します.

$$a^2+b^2-ab = a^2-ab+\frac{1}{4}b^2+\frac{3}{4}b^2$$
$$= \left(a-\frac{b}{2}\right)^2+\frac{3}{4}b^2$$

したがって

$$a^2+b^2-ab = \left(a-\frac{b}{2}\right)^2+\frac{3}{4}b^2 \geqq 0$$

ゆえに

$$a^2+b^2 \geqq ab$$

2　$a^2+b^2=ab$ すなわち $a^2+b^2-ab=0$ ならば

$$\left(a-\frac{b}{2}\right)^2+\frac{3}{4}b^2 = 0$$

これが成り立つのは

$$a-\frac{b}{2}=0 \quad かつ \quad b=0$$

のとき, すなわち $a=b=0$ のときにかぎります.

　　例題　次の不等式を証明してください.
$$a^2+b^2+c^2 \geqq ab+bc+ca$$
等号はどんな場合に成り立ちますか？

証明　**1**　$P=a^2+b^2+c^2-ab-bc-ca$ とおきます. $P \geqq 0$ であることを証明すればよいのですが, P のかわりにこの式を 2 倍した $2P$ を考えると, 式の変形が次のように巧妙にできます.

$$2P = 2a^2 + 2b^2 + 2c^2 - 2ab - 2bc - 2ca$$
$$= (a^2 - 2ab + b^2) + (b^2 - 2bc + c^2) + (c^2 - 2ca + a^2)$$
$$= (a-b)^2 + (b-c)^2 + (c-a)^2$$

したがって $2P \geqq 0$, ゆえに $P \geqq 0$ となります.

2 等号が成り立つのは $P = 0$ となるときで, それは

$$a - b = 0, \qquad b - c = 0, \qquad c - a = 0$$

のとき, すなわち $a = b = c$ のときです.

　上の例題の不等式の証明はたいへん巧妙ですが, P のかわりに $2P$ をとって式を変形するところなどは, どうしてそんな着想が生まれるのか, ちょっと分からないかも知れません. 私も旧制中学生のころはじめてこの証明をみたときには, ずいぶんうまいことをやるものだと感心した記憶がありますが, これは $2P$ という式から出発してそれを上記の証明のように変形してみせるので, 魔術的に感じられるのです. 逆の方向から考えてみると, この不等式の証明はそんなに不思議なものではありません. すなわち

$$(a-b)^2 = a^2 - 2ab + b^2 \geq 0$$

ですから

$$a^2 + b^2 \geq 2ab$$

これとまったく同様に

$$b^2 + c^2 \geq 2bc$$
$$c^2 + a^2 \geq 2ca$$

そこで, これらの3つの不等式を辺々加えると

$$2(a^2 + b^2 + c^2) \geq 2(ab + bc + ca)$$

両辺を2で割れば

$$a^2 + b^2 + c^2 \geq ab + bc + ca$$

これで証明すべき不等式が導かれました. そして, この証明はまったく "自然" です！

　なお, 上に $a^2 + b^2 \geqq 2ab$ という不等式が出てきましたが, この不等式は非常によく用いられます. この不等式が等号で成り立つのは $(a-b)^2 = 0$ すなわち $a = b$ となるときです. このことを次にもう一度記しておきましょう.

　　任意の実数 a, b に対して

$$a^2 + b^2 \geqq 2ab$$

　　で, 等号が成り立つのは $a = b$ のときにかぎる.

176 ④ 大小関係をみる——不等式

問15 次の不等式を証明してください．等号はどんな場合に成り立ちますか？

(1) $a^2 + ab + b^2 \geqq 0$　　(2) $2x^2 - 3xy + 4y^2 \geqq 0$

(3) $x^2 + y^2 \geqq 4x - 6y - 13$

問16 次の不等式を証明してください．

(1) $(a^2 + b^2)(x^2 + y^2) \geqq (ax + by)^2$

(2) $a^4 + b^4 \geqq a^3 b + ab^3$

(3) $a^2 + b^2 + c^2 + 3 \geqq 2(a + b + c)$

[ヒント：(1), (2) 左辺から右辺を引いて因数分解．]

◆　**相加平均と相乗平均**

数学では，下線部正の数に関する不等式がとくによく現れます．ことに次の相加平均と相乗平均についての不等式は，きわめて応用の広い重要な不等式です．

正の数 a, b に対して

$$\frac{a+b}{2}, \qquad \sqrt{ab}$$

をそれぞれ a, b の**相加平均**，**相乗平均**とよびます．その大小関係は次のようになります．

相加平均 ≧ 相乗平均

すなわち，次の定理が成り立ちます．

任意の正の数 a, b に対して

$$\frac{a+b}{2} \geqq \sqrt{ab}$$

ここで等号が成り立つのは $a = b$ のときにかぎる．

証明　前項で私は，任意の実数 a, b に対して

$$a^2 + b^2 \geqq 2ab$$

が成り立つことを証明しました．いま，a, b を正の数として上の不等式の a, b に $\sqrt{a}, \sqrt{b}$ を代入すれば

$$(\sqrt{a})^2 + (\sqrt{b})^2 \geqq 2\sqrt{a}\sqrt{b}$$

すなわち

$$a + b \geqq 2\sqrt{ab}$$

この両辺を 2 で割れば求める不等式が得られます．

例　$a > 0$, $b > 0$ のとき，次の不等式を証明しなさい．

(1) $a + \dfrac{1}{a} \geqq 2$ (2) $(a+b)\left(\dfrac{4}{a}+\dfrac{9}{b}\right) \geqq 25$

証明 (1) $a + \dfrac{1}{a} \geqq 2\sqrt{a \cdot \dfrac{1}{a}} = 2$

(2) $(a+b)\left(\dfrac{4}{a}+\dfrac{9}{b}\right) = 4 + \dfrac{9a}{b} + \dfrac{4b}{a} + 9$

$$= \dfrac{9a}{b} + \dfrac{4b}{a} + 13$$

$$\geqq 2\sqrt{\dfrac{9a}{b} \cdot \dfrac{4b}{a}} + 13$$

$$= 2\sqrt{36} + 13 = 25$$

例 周囲の長さが一定の長方形のうちで面積が最大となるものは正方形であることを証明してください.

証明 長方形の2辺を a, b, 周囲の長さを $4l$, 面積を S とすると, $l = \dfrac{a+b}{2}$, $S = ab$ で,

$$\dfrac{a+b}{2} \geqq \sqrt{ab} \qquad\qquad ①$$

ですから,

$$l \geqq \sqrt{S} \qquad\qquad ②$$

となります. l が一定ならば, S が最大となるのは, ② すなわち ① が等号で成り立つときで, それは $a = b$ のとき, すなわち長方形が正方形であるときです.

問17 前の例で, $a > 0$, $b > 0$ のとき

$$(a+b)\left(\dfrac{4}{a}+\dfrac{9}{b}\right) \geqq 25$$

という不等式を証明しました. ここで等号が成り立つのは a, b の間にどんな関係があるときですか?

問18 次の不等式を証明してください. ただし, 文字はすべて正の数を表すものとします.

(1) $\dfrac{a}{b} + \dfrac{b}{a} \geqq 2$ (2) $\left(\dfrac{a}{b}+\dfrac{c}{d}\right)\left(\dfrac{b}{a}+\dfrac{d}{c}\right) \geqq 4$

(3) $\sqrt{xy} \geqq \dfrac{2xy}{x+y}$ (4) $x^3 + y^3 \geqq x^2 y + xy^2$

(5) $(b+c)(c+a)(a+b) \geqq 8abc$

[注意: (4)は相加平均, 相乗平均の不等式にはべつに関係ありません.]

問19 面積が一定の長方形のうちで周囲の長さが最小であるものは正方形であることを証明してください.

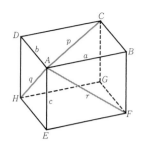

問20 左の図のような直方体において，3辺の長さをそれぞれ
$$AB = a, \quad AD = b, \quad AE = c$$
とし，また，3つの面の対角線の長さをそれぞれ
$$AC = p, \quad AH = q, \quad AF = r$$
とします．このとき，不等式 $pqr \geqq 2\sqrt{2}\,abc$ が成り立つことを証明してください．[この問はたぶん少し手ごたえがありますが，ヒントはつけません．]

◆ 平方による比較

$a \geqq 0$, $b \geqq 0$ で，$a = b = 0$ でなければ，$a + b > 0$ ですから，
$$a - b \quad \text{と} \quad a^2 - b^2 = (a+b)(a-b)$$
の符号は一致します．したがって次のことが成り立ちます．

> $a \geqq 0$, $b \geqq 0$ のとき
> $$a > b \iff a^2 > b^2$$

すなわち，負でない数の大小は，それらの数を2乗した数の大小と一致しています．ゆえに，2乗した数の大小を調べることによって，もとの数の大小を調べることができます．正の数に関しては，この"平方による比較法"もよく用いられます．[注意：この"比較法"は一般の実数に対しては通用しません．すなわち，一般に実数 a, b に対して $a^2 > b^2$ であっても，$a > b$ であるとは結論できません．たとえば，$a = -3$, $b = 2$ とすると，$a^2 = 9$, $b^2 = 4$ ですから，$a^2 > b^2$ となりますが，$a > b$ ではなく，$a < b$ となっています．]

例 $a > 0$, $b > 0$ のとき，$\sqrt{a} + \sqrt{b}$ と $\sqrt{a+b}$ の大小をくらべなさい．

解 $\sqrt{a} + \sqrt{b}$ も $\sqrt{a+b}$ も正ですから，両者の平方を比較します．
$$(\sqrt{a} + \sqrt{b})^2 = a + 2\sqrt{ab} + b$$
$$(\sqrt{a+b})^2 = a + b$$
したがって，
$$(\sqrt{a} + \sqrt{b})^2 - (\sqrt{a+b})^2 = 2\sqrt{ab} > 0$$
ゆえに
$$(\sqrt{a} + \sqrt{b})^2 > (\sqrt{a+b})^2$$
よって
$$\sqrt{a} + \sqrt{b} > \sqrt{a+b}$$

4.3 不等式の証明 *179*

例 任意の実数 a, b に対して $\sqrt{a^2+b^2} \geqq |a|$ を証明しなさい.

証明 両辺の平方を比較すると

$$(\sqrt{a^2+b^2})^2 - |a|^2 = a^2 + b^2 - a^2 = b^2 \geqq 0$$

問21 $a>0$, $b>0$ のとき, 次の不等式を証明してください.

(1) $\sqrt{2(a+b)} \geqq \sqrt{a} + \sqrt{b}$

(2) $\sqrt{3(a+b)} \geqq \sqrt{2a} + \sqrt{b}$

問22 $a>0$, $b>0$, $p>0$, $q>0$ のとき, 次の不等式を証明してください.

$$\sqrt{(p+q)(a+b)} \geqq \sqrt{pa} + \sqrt{qb}$$

問23 任意の実数 a, b に対して $\sqrt{a^2+b^2} \leqq |a|+|b|$ を証明してください.

問24 $a>b>0$ のとき, $\sqrt{a}-\sqrt{b}$ と $\sqrt{a-b}$ とはどちらが大きいですか.

問25 $a>0$, $b>0$, $p>0$, $q>0$, $p+q=1$ のとき, 次の不等式を証明してください.

$$\sqrt{pa+qb} \geqq p\sqrt{a} + q\sqrt{b}$$

◆ **絶対値に関する不等式**

絶対値については, すでに私達は, 任意の実数 a に対して $|a| \geqq 0$ で, $|a|=0$ となるのは $a=0$ のときにかぎること, また任意の実数 a に対して $|a|^2 = a^2$ であること, などを知っています. また, 定義からほとんど明らかなことですが, 次の不等式が成り立ちます.

任意の実数 a に対して $|a| \geqq a$

念のため, このことを確かめておきましょう. $a \geqq 0$ ならば, 定義によって $|a|=a$ ですから, 上の不等式は等号で成り立ちます. また $a<0$ ならば, 定義によって $|a|=-a$ であり, そして $-a>0$, $0>a$ ですから $|a|>a$ となります.

上の不等式の a のところに $-a$ を代入して, $|-a|=|a|$ であることを用いれば, 次のこともわかります.

任意の実数 a に対して $|a| \geqq -a$

さらにまた, 絶対値については次の不等式が成り立ちます. この不等式は応用上重要です.

任意の実数 a, b に対して
$$|a+b| \leqq |a|+|b|$$

証明 両辺ともに負でありませんから，両辺の平方を比較します．

$$(|a|+|b|)^2 = |a|^2+2|a|\,|b|+|b|^2 = a^2+2|ab|+b^2$$
$$|a+b|^2 = (a+b)^2 = a^2+2ab+b^2$$

ゆえに

$$(|a|+|b|)^2-|a+b|^2 = 2(|ab|-ab)$$

ここで $|ab|\geqq ab$ ですから

$$(|a|+|b|)^2-|a+b|^2 \geqq 0$$

したがって

$$(|a|+|b|)^2 \geqq |a+b|^2$$

ゆえに

$$|a|+|b| \geqq |a+b|$$

問26 上の証明を吟味（ぎんみ）することによって，次のことを証明してください．

$$ab \geqq 0 \quad ならば \quad |a+b| = |a|+|b|$$
$$ab < 0 \quad ならば \quad |a+b| < |a|+|b|$$

［注意：この結果を言葉で述べれば次のようになります．不等式 $|a+b|\leqq|a|+|b|$ において等号が成り立つのは，a, b の少なくとも一方が 0 のとき，または a, b が同符号（すなわち，ともに正あるいはともに負）のときである．］

問27 不等式 $|a|-|b|\leqq|a+b|$ を証明してください．

問28 不等式 $|a|+|b|\leqq\sqrt{2(a^2+b^2)}$ を証明してください．

◆ **分数式の不等式**

最後に分数式の不等式を証明する例をあげておきましょう．

私達は，不等式の両辺に同じ正の数を掛けても，両辺を同じ正の数で割っても，不等号の向きは変わらないことを知っています．したがって，$b>0,\ d>0$ のとき

$$\frac{a}{b}>\frac{c}{d} \iff ad>bc$$

となります．実際，左側の不等式の両辺に bd を掛ければ右側の不等式が得られるし，逆に右側の不等式の両辺を bd で割れば左側の不等式が得られます．

分数式の不等式の証明において基本となるのは上のことがらです．

例 $a>0$, $b>0$, $A=\dfrac{ax+by}{a+b}$, $B=\dfrac{bx+ay}{a+b}$ のとき,

$$AB \geq xy$$

であることを証明しなさい.

証明 $AB \geq xy$ の分母をはらった不等式

$$(ax+by)(bx+ay) \geq (a+b)^2 xy \qquad ①$$

を証明すればよいわけです. ① の左辺から右辺を引いて計算すると

$$\begin{aligned}
&(ax+by)(bx+ay)-(a+b)^2 xy \\
&\quad = abx^2 + aby^2 - 2abxy \\
&\quad = ab(x-y)^2 \geq 0
\end{aligned}$$

ゆえに ① が成り立ちます.

問29 b, d が正の数で $\dfrac{a}{b} > \dfrac{c}{d}$ のとき, 次の不等式を証明してください.

$$\frac{a}{b} > \frac{a+c}{b+d} > \frac{c}{d}$$

問30 上の例のように

$$a>0, \ b>0, \ A=\frac{ax+by}{a+b}, \ B=\frac{bx+ay}{a+b}$$

としたとき, A^2+B^2 と x^2+y^2 の大小をくらべてください.

問31 $a \geq 0$, $b \geq 0$ のとき, 次の不等式を証明してください.

$$\frac{a+b}{1+a+b} \leq \frac{a}{1+a} + \frac{b}{1+b}$$

[注意:この不等式の証明には, "分母をはらわない" 軽妙な方法もあります. できたら, それを発見してください.]

4.4 集合・命題・条件

　私達は第3章で等式の証明, 第4章で不等式の証明などを学び, また第1章8ページの "$\sqrt{2}$ が無理数であることの証明" をはじめとして背理法という証明法の例などもいくつか見てきました. そこで, この不等式の章を閉じるにあたって, 最後に, 命題・条件・証明などに関する一般的なことがらを, ひとまず, 整理して述べておくことにしようと思います. ("論理" についてのよりくわしい事項はたぶんまた後に述べる機会があるでしょう.)

　さて, この節の冒頭では, まず集合について, 今まで書き残してきたことをいくつか述べておくことにします. はじめ

のところはほとんどすでに第1章で述べたことですが，だい
ぶ時間もページもへだたっているので，もう一度復習のため
に要点を再記しておきます．

◆ 集合・空集合・部分集合

　ものの集まりを集合といい，集合を構成する個々のものを
その集合の要素または元(げん)とよぶこと，もの a が集合
A の要素であることを $a \in A$ と書き，a が A の要素でない
ことは $a \notin A$ と書くことはすでに学びました．また，要素 a,
b, c, … からつくられる集合を

$$\{a, b, c, \cdots\}$$

という記号で表すこと，文字 x についてある条件が与えられ
たとき，その条件を満たすような x 全体の集合を

$$\{x \mid x \text{ の満たす条件}\}$$

という記号で表すことなども，私達はすでに知っています．
たとえば，文字 x が実数を表しているという前提のもとで，
$\{x \mid x>0\}$ と書けば，これは正の実数全体の集合を表します．
この集合をたとえば $\{y \mid y>0\}$, $\{z \mid z>0\}$ などと書いても意
味は同じであるということも前に注意しました．

　ところで，やはり文字 x が実数を表しているという前提の
もとで，$\{x \mid x^2<0\}$ と書いたら，これはどんな集合を表して
いるのでしょうか？　定義によれば，これは "$x^2<0$ という
条件を満たす実数 x 全体の集合" を表しています．しかしも
う何べんもくり返していってきたように，任意の実数 x に対
して $x^2 \geqq 0$ であって，$x^2<0$ という条件を満たす実数 x は存
在しません．したがって，上にいった集合は，<u>要素を1つも
もたない</u>ことになります．こういうものも "集合" と考えて
よいのか？　読者のうちにはこうした疑問をいだく人もおら
れることでしょうが，われわれは<u>要素を1つももたない集合</u>
というものを積極的に認めることにします．そのほうがつご
うがよいのです．われわれはそれを**空集合**(くうしゅうごう)
とよび，

$$\phi$$

という記号で表します．そうすれば，文字 x が実数を表して
いるとき，$\{x \mid x^2<0\}$ は空集合 ϕ であるということになりま
す．古代のインド人が "0という数" を発見(あるいは発明)

してくれたために数の表し方や数の演算がすこぶる便利になったのと同じように，空集合の導入は，集合の扱い方を非常に便利にしてくれるのです．（なお，この空集合という概念はここで説明したのが最初で前には説明してありませんでした．）

2つの集合 A, B があって，A のすべての要素が B に属しているとき，すなわち
$$x \in A \implies x \in B$$
が成り立つとき，A は B の**部分集合**であるといって，
$$A \subset B \quad \text{または} \quad B \supset A$$
と書きます．このことを図に表せば，右のようになります．A が B の部分集合であるとき，A は B に**含まれる**，B は A を**含む**といいます．

A 自身も A の部分集合と考えます．また，空集合 ϕ は任意の集合 A の部分集合であるとします．したがって，たとえば，集合 $\{1, 2\}$ の部分集合を全部書き上げると
$$\{1, 2\}, \quad \{1\}, \quad \{2\}, \quad \phi$$
の 4 個になります．（ここでたとえば $\{2\}$ は，2 というただ 1 つの要素をもつ集合を表しています．）読者は上にならって，集合 $\{1, 2, 3\}$ の部分集合を全部書き上げてみてください．これはとくに問にはせず，したがって，巻末の答にも書きませんが，部分集合は全部で 8 個あるということをヒントとして述べておきましょう．

集合 A, B が**等しい**というのは，この 2 つの集合の要素がまったく一致していることで，そのとき $A = B$ と書きます．それは結局
$$x \in A \implies x \in B, \quad x \in B \implies x \in A$$
の両方が成り立つということにほかなりません．いいかえれば，$A = B$ であることは，$A \subset B$ かつ $B \subset A$ であることと同値です．すなわち
$$A = B \iff A \subset B, \, B \subset A$$
です．とくに $A = \phi$ は，もちろん，A が空集合であること，すなわち A が要素を 1 つももたない集合であることを表しています．

$A \subset B$ であるけれども $A = B$ でないときには，A は B の**真部分集合**とよばれます．たとえば，正の奇数全体の集合は

自然数全体の集合の真部分集合です．また，集合 $\{1, 2\}$ の真部分集合は $\{1\}, \{2\}, \phi$ の 3 個です．

◆ 共通部分・和集合

2つの集合 A, B に対して，A, B のどちらにも属する要素全体の集合を A, B の**共通部分**とよび，$A \cap B$ という記号で表します．すなわち
$$A \cap B = \{x \mid x \in A,\ x \in B\}$$
です．[ここで $\{x \mid x \in A,\ x \in B\}$ と書いてあるのは，正確には
$$\{x \mid x \in A \text{ かつ } x \in B\}$$
と書くべきでしょう．しかし数学では，ふつうこうした書き方をしたとき，コンマ (,) は "かつ" の意味に解釈されるようです．]

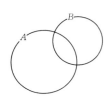

また，A, B の少なくとも一方に属するような要素全体の集合を A, B の**和集合**とよび，$A \cup B$ という記号で表します．すなわち
$$A \cup B = \{x \mid x \in A \text{ または } x \in B\}$$
です．ここでもついでに，数学における "または" という言葉の一般的用法について注意しておきますが，数学で "p または q" というときには "p かつ q" である場合も含んでいます．つまり "p または q" というのは，"p, q のどちらか一方だけ" という意味ではありません．したがって，A, B の共通部分に属する要素は当然 A, B の和集合にも属します．

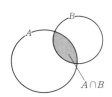

集合 A, B の共通部分 $A \cap B$，和集合 $A \cup B$ を図示すると，左の図のようになります．

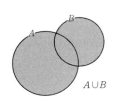

例 $A = \{x \mid x \text{ は 12 の正の約数}\} = \{1, 2, 3, 4, 6, 12\}$，
$B = \{x \mid x \text{ は 8 の正の約数}\} = \{1, 2, 4, 8\}$ ならば
$A \cap B = \{x \mid x \text{ は 12 と 8 の正の公約数}\} = \{1, 2, 4\}$
$A \cup B = \{1, 2, 3, 4, 6, 8, 12\}$

例 文字 x が実数を表すとき，
$\{x \mid x > 0\} \cap \{x \mid x \leqq 1\} = \{x \mid 0 < x \leqq 1\}$
$\{x \mid x > 0\} \cup \{x \mid x \leqq 1\} = $ 実数全体の集合

例 2次不等式 $(x-1)(x+2) > 0$ の解，すなわち集合
$$\{x \mid (x-1)(x+2) > 0\}$$
は，$\{x \mid x < -2\}$ と $\{x \mid 1 < x\}$ の和集合

$$\{x\,|\,x<-2\}\cup\{x\,|\,1<x\}$$

[この解をふつう簡単に "$x<-2,\ 1<x$" と書くのでした．この略式の書き方におけるコンマは "かつ" の意味ではありません．それは "または" の意味です！]

問32 x を実数とし，$A=\{x\,|\,|x|<3\}$, $B=\{x\,|\,1\leqq x\leqq 5\}$ とします．$A\cap B$, $A\cup B$ を求めてください．

集合の共通部分と和集合については，次のような演算法則が成り立ちます．

交換法則 $\quad A\cap B = B\cap A, \quad A\cup B = B\cup A$

結合法則 $\quad \begin{cases}(A\cap B)\cap C = A\cap (B\cap C)\\ (A\cup B)\cup C = A\cup (B\cup C)\end{cases}$

分配法則 $\quad \begin{cases}A\cap (B\cup C) = (A\cap B)\cup (A\cap C)\\ A\cup (B\cap C) = (A\cup B)\cap (A\cup C)\end{cases}$

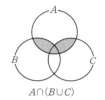

$A\cap (B\cup C)$

これらのうち，交換法則や結合法則は明らかでしょう．分配法則の第 1 式は右の図を用いれば，容易に説明することができます．第 2 式についても同様ですから，読者みずからためしてみてください．

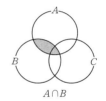

$A\cap B$

◆ **補集合，ド・モルガンの法則**

数学で集合を扱うときには，あらかじめ 1 つの "大きな" 集合 U が定められていて，その集合 U の部分集合だけを考えるのがふつうです．その場合，U のことを**全体集合**とよびます．

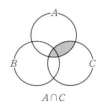

$A\cap C$

全体集合 U が与えられているとき，その部分集合 A に対して，A に属さない U の要素全体の集合を U に対する A の**補集合**とよびます．ここでは A の補集合を A' で表すことにします．[高校までの教科書では慣習的に補集合を $\overline{A}$ と書くことになっていますが，本書ではもっと簡単な記号 A' を使います．ただし，もちろん，この記号で補集合を表す場合には，前後の状況からそのことがはっきりわかるようになっていなければなりません．]

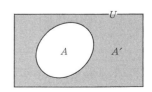

たとえば，実数の全体を全体集合とした場合，

$\quad A=\{x\,|\,x>0\} \quad$ ならば $\quad A'=\{x\,|\,x\leqq 0\}$
$A=\{x\,|\,x$ は有理数$\} \quad$ ならば $\quad A'=\{x\,|\,x$ は無理数$\}$

となります．

　補集合の定義から明らかに
$$A \cap A' = \phi, \quad A \cup A' = U$$
が成り立ちます．また A' の補集合 A'' がもとの A と一致すること，すなわち $A''=A$ であることも明らかです．

　さらに補集合については，次の法則が成り立ちます．
$$(A \cap B)' = A' \cup B', \quad (A \cup B)' = A' \cap B'$$
これは**ド・モルガンの法則**とよばれます．左の図はド・モルガンの法則の第1式を示しています．

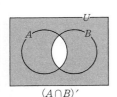
$(A \cap B)'$

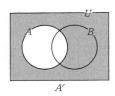
A'

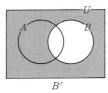
B'

　集合の補集合を考えるときには，当然のことですが，まず全体集合 U が何であるかがはっきりわかっていなければなりません．全体集合 U のとり方は，もちろん，私達がどういう問題を取り扱っているかによって，いろいろに変わります．たとえば，それは自然数全体の集合であったり，実数全体の集合であったり，あるいはまた平面上の点全体の集合であったり，平面上の三角形全体の集合であったりします．取り扱っている問題とか状況などから，とくに明言しなくても，全体集合が何であるか，おのずからはっきりわかる場合も多いのですが，いずれにせよ，どういう全体集合の中で考えているかということは，私達はつねにしっかりと認識しておかなければなりません．

◆　命題

　上で集合についての話は一応終わりましたから，次には命題について述べることにします．命題という語はこれまでにも本書の中で"自然に"何度か現れてきましたけれども，ここでもう一度その意味をはっきりさせ，なお，それについてのいくつかの基本的な事項を述べておくことにしましょう．

　一般に，正しいか正しくないかがはっきり定まっている式や文章のことを**命題**とよびます．命題が正しいとき，その命題は**真である**とか**成り立つ**とかいい，正しくないとき，**偽である**とか**成り立たない**とかいいます．

例　(1)　"$2+3>4$" という式は真な命題です．

　　(2)　"5 は偶数である" という文章は偽な命題です．

　われわれはまた，命題 p から，あるいは命題 p と q から，
$$p \text{ でない}, \quad p \text{ かつ } q, \quad p \text{ または } q, \quad p \Longrightarrow q$$

4.4 集合・命題・条件　*187*

などの新しい命題を作ることができます。以下それらの命題の真偽について順次説明していきましょう。

1　p でない　命題 p に対して "p でない" という命題を p の**否定**とよびます。ここでは p の否定を p' で表すことにします。p が真ならば p' は偽で，p が偽ならば p' は真です。

例　"$2+3>4$" の否定は "$2+3\leqq4$" で，これは偽な命題です。

命題 p が真であるか偽であるかに応じて命題 p' が偽あるいは真となることを，われわれは次のような表で表します。ここで○は "真" を，×は "偽" を表しています。この表を，命題 p' の**真理表**といいます。

p	p'
○	×
×	○

2　p かつ q，p または q　2つの命題 p, q に対して，"p かつ q" というのは，p, q がともに真であるときにのみ真で，少なくとも一方が偽のときには偽となる命題です。また "p または q" というのは，p, q の少なくとも一方が真ならば真で，両方ともに偽であるときにのみ偽となる命題です。

例　次の4つの命題

　　　"$4>3$"　　かつ　　"$\sqrt{2}$ は無理数である"
　　　"$4<3$"　　かつ　　"$\sqrt{2}$ は無理数である"
　　　"$4<3$"　　または　"$\sqrt{2}$ は無理数である"
　　　"$4<3$"　　または　"$\sqrt{2}$ は有理数である"

の真偽は，上から順に，真，偽，真，偽となります。

前に命題 p' の真理表を作ったように，私達は命題 "p かつ q"，"p または q" の真理表を作ることができますが，それらは次のようになります。この表の読み方はたぶん説明がなくてもおわかりになるでしょう。

p	q	p かつ q
○	○	○
○	×	×
×	○	×
×	×	×

p	q	p または q
○	○	○
○	×	○
×	○	○
×	×	×

3　$p \Longrightarrow q$（p ならば q）　これは "p が真ならば q も真

である"ということを主張している命題です．この命題の真
理表は次のようになります．

p	q	$p \Longrightarrow q$
○	○	○
○	×	×
×	○	○
×	×	○

　この表によれば，命題 p が偽である場合には，命題 q の真
偽には関係なく，$p \Longrightarrow q$ は真です．これは要するに，そう
いう"取りきめ"で，読者は少し不思議に思うかも知れませ
んが，これが論理にとって"自然な"約束なのです．私はこ
こでは，読者がこの真理表を１つの"取りきめ"としてすな
おに受け入れてくださることを希望します．しかし，それで
もなお，なぜこの"取りきめ"が自然なのか？　と問う人が
いるでしょう．その質問にたくみに答えることは実はちょっ
とむずかしいのですが，私は以下に少し"たとえ話"を使っ
てこのことを説明してみましょう．
　私が今この原稿を書いているのは土曜日の晩で，雨が降っ
ています．明日の日曜日にも雨が降りそうです．私は大ざっ
ぱに明日の天気を"雨が降る"か"雨が降らない"かの２つ
に大別してしまい，p を明日"雨が降る"という命題とし，q
を明日"家で原稿を書く"という命題であるとします．そう
すると，$p \Longrightarrow q$ は明日，

雨が降れば家で原稿を書く

という――あまり嬉しくない――命題になります．私は今，
これを私自身に課した約束であるとしましょう．さて，もし，
明日，雨が降らなかったとしたらどうでしょうか？　そのと
きには私は完全に自由です．どこかに散歩に出かけてもよい
し，映画を見に行ってもよいし，家でぼんやりとテレビを見
ていてもよいのです．また――気が向いたら――家で原稿を
書いても，もちろんよいのです．私が上に書いた約束に違反
したことになるのは，明日，"雨が降っているにもかかわらず
家で原稿を書かない"という場合だけです．すなわち，私が
約束に違反する，いいかえれば，上にいった $p \Longrightarrow q$ という
命題が"偽となる"のは，"p が真で q が偽である場合のみに
限る"のです．

上記の説明はあまり——あるいはまったく——"論理的"
でも"説得的"でもなかったかも知れません。たぶん、こう
いう形式的な"論理"の話はもっと後でしたほうがよかった
のでしょう。さしあたっては、読者が上記の説明でなっとく
されたかどうかはべつとして、とにかく、命題 $p \Longrightarrow q$ の真
理表というのは上に記載されているようなものだということ
を、記憶の一部にとどめておいてくださるならば、それで結
構なのです。

　4　$p \Longleftrightarrow q$　　これは"$p \Longrightarrow q$ かつ $q \Longrightarrow p$"という命題
です。$p \Longrightarrow q$ と $q \Longrightarrow p$ の真理表を作って、さらに"かつ"
の真理表の作り方を用いると、$p \Longleftrightarrow q$ の真理表は次のよう
になります。

p	q	$p \Longrightarrow q$	$q \Longrightarrow p$	$p \Longleftrightarrow q$
○	○	○	○	○
○	×	×	○	×
×	○	○	×	×
×	×	○	○	○

すなわち、命題 $p \Longleftrightarrow q$ は、p, q の真偽が一致しているとき
真、一致していないとき偽となります。$p \Longleftrightarrow q$ を**p と q と
は同値**とよむことも、91 ページですでに述べておきました。
　練習のため、命題の同値性についての練習問題をいくつか
挙げておきます。

問33　p, q を命題とするとき、"p' または q"の真理表をつく
り、それを $p \Longrightarrow q$ の真理表と比較して、次のことを示して
ください。
$$(p' \text{ または } q) \Longleftrightarrow (p \Longrightarrow q)$$

問34　命題 p, q に対して次のことを示してください。
$$(p \text{ かつ } q)' \Longleftrightarrow (p' \text{ または } q')$$
$$(p \text{ または } q)' \Longleftrightarrow (p' \text{ かつ } q')$$
命題についてのこれらの同値式も**ド・モルガンの法則**とよば
れます。

問35　命題 p, q に対して、$p \Longrightarrow q$ の否定 $(p \Longrightarrow q)'$ の真理表
をつくり、
$$(p \Longrightarrow q)' \Longleftrightarrow (p \text{ かつ } q')$$
であることを示してください。[この結果は読者に 1 つの注
意をうながします。$(p \Longrightarrow q)'$ はけっして $p \Longrightarrow q'$ と同値

190　④　大小関係をみる——不等式

ではありません．ときどき，そのように誤解している人を見うけるので，$p \Longrightarrow q$ の否定は $p \Longrightarrow q'$ とは違う，ということをここで強調しておきます．］

◆　条件と集合

　条件という言葉も，すでに本書では"自然に意味がわかっている"ものとして，遠慮なく使ってきました．あらためてその意味をもう一度考えなおしておきましょう．はじめに例を挙げておきます．

例　(1)　x が実数を表すとき，"$(x-2)(x-4)<0$"という式は，このままでは真であるとも偽であるともいえません．しかし，x に個々の実数を代入すれば，それぞれ真偽が定まります．たとえば

$x=3$ のとき　$(3-2)(3-4)=1\cdot(-1)=-1<0$ は真
$x=5$ のとき　$(5-2)(5-4)=3\cdot1=3<0$ は偽

です．

(2)　n が自然数を表すとき，"n が素数である"という文章も，このままでは真偽は定まりませんが，n に個々の自然数を代入したときにはそれぞれ真偽が定まります．たとえば

$n=2, 3, 11, 17$ などに対しては真
$n=4, 6, 15, 20$ などに対しては偽

となります．

　一般に，ある全体集合 U の任意の要素を表す文字を含む式や文章で，その文字に U の個々の要素を代入したときにそれぞれ真偽が定まるものを，その文字についての**条件**とよびます．また，その文字のことを**変数**といい，全体集合 U をその変数の**変域**といいます．上の例の(1)は x についての条件で，x の変域は実数全体の集合，また(2)は n についての条件で，n の変域は自然数全体の集合です．

　今後は条件も命題と同じく p, q などの文字で表すことにします．（たとえば，p が変数 x についての条件である場合，単に p でなく $p(x)$ のように書けば，より明快になるでしょう．読者は以後，必要に応じ，自分でそのような修正をしてください．）

　U を変域とする変数 x の条件 p が与えられたとき，

$$P = \{x \,|\, x \text{ は条件 } p \text{ を満たす}\}$$

は，U の部分集合となります．以下ではこれを簡単に

$$P = \{x \,|\, p\}$$

のように書くことにしましょう．(上にもいったとおり，$P = \{x \,|\, p(x)\}$ のように書けば，なお意味がはっきりします．)
私はこの集合 P のことを，ここでは，条件 p の**真理集合**とよぶことにします．

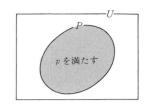

- **例** 方程式 $x^3 = 1$ の解が $1, \dfrac{-1+\sqrt{3}\,i}{2}, \dfrac{-1-\sqrt{3}\,i}{2}$ であるというのは，くわしくいえば，全体集合 U を複素数の全体とするとき，

  x についての条件 "$x^3 = 1$" の真理集合が

  $$\left\{1, \frac{-1+\sqrt{3}\,i}{2}, \frac{-1-\sqrt{3}\,i}{2}\right\} \text{ である}$$

  ということを意味しています．

- **例** 全体集合 U を実数の全体とするとき，2次不等式 $(x-2)(x-4) < 0$ の解とは，

  x についての条件 "$(x-2)(x-4) < 0$" の真理集合
  $$\{x \,|\, 2 < x < 4\}$$

  のことにほかなりません．

- **例** 全体集合 U を自然数の全体とし，変数を n とするとき，

  n についての条件 "n が素数である"

  の真理集合は，"素数全体の集合" となります．

p, q がともに U を変域とする変数 x の条件であるとき，

p でない，　　p かつ q，　　p または q

もまた x についての条件となります．"p でない" という条件を p の否定とよび，命題の場合と同じく p' で表します．

- **例** (1) 実数 x に対して，条件 "$x > 1$" の否定は，条件 "$x \leq 1$" です．
  (2) 整数 n に対して，条件 "n は偶数である" の否定は，"n は奇数である" となります．
  (3) 実数 x に対して
  条件 "$x < 1$ かつ $x > -1$" は条件 "$x^2 < 1$"
  と同じです．
  (4) 実数 x に対して
  条件 "$x > 1$ または $x < -1$" は条件 "$x^2 > 1$"

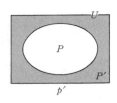
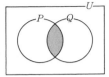
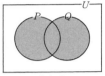

と同じです.

x についての条件 p, q に対して,それらの真理集合を
$$P = \{x|p\}, \quad Q = \{x|q\}$$
とすれば,条件

p', p かつ q, p または q

の真理集合は,明らかにそれぞれ

補集合 P', 共通部分 $P \cap Q$, 和集合 $P \cup Q$

となります.

次に,条件 p, q に対して,条件 "p かつ q" の否定を考えてみましょう.p, q の真理集合を上のように P, Q とすれば,"p かつ q" の真理集合は $P \cap Q$ ですから,"p かつ q" の否定の真理集合は $(P \cap Q)'$ となり,186 ページのド・モルガンの法則によれば,それは $P' \cup Q'$ に等しくなります.そして $P' \cup Q'$ は "p' または q'" の真理集合です.したがって
$$(p \text{ かつ } q)' \iff p' \text{ または } q'$$
が成り立ちます.同様にして
$$(p \text{ または } q)' \iff p' \text{ かつ } q'$$
であることもわかります.

これらを,(条件についての) **ド・モルガンの法則** とよびます.(命題についてのド・モルガンの法則は問 34 にあげておきました.)

例 (1) 実数 x に対して,条件 "$x > -1$ かつ $x < 2$" すなわち "$-1 < x < 2$" の否定は,条件 "$x \leqq -1$ または $x \geqq 2$" となります.

(2) 実数 x に対して,条件 "$x \geqq 4$ または $x < 0$" の否定は,条件 "$x < 4$ かつ $x \geqq 0$" すなわち "$0 \leqq x < 4$" となります.

以上によって,読者は,論理計算と集合演算との間には密接な関係があることを理解されたでしょう.

◆ 命題 $p \Longrightarrow q$

今までどおり U を全体集合とし,p や q は U を変域とする変数 x の条件であるとします.このとき,"p でない","p かつ q","p または q" などはやはり x についての条件でした.それに対して
$$p \Longrightarrow q \quad (p \text{ ならば } q)$$

というのは条件ではありません．これは命題です！　くわしくいうと，これは"変数 x が条件 p を満たすならば x は必ず条件 q も満たす"という命題を表しています．

たとえば，U が実数の全体であるとき，
$$x>2 \implies x>1$$
という命題は，"$x>2$ を満たす実数 x は必ず $x>1$ を満たす"という命題を表しています．

読者にはっきり認識してもらうために，もう一度，
$$p \implies q$$
という命題の意味を正確に述べておきましょう．それは，

<u>全体集合 U のどのような要素 x に対しても</u>
<u>x が p を満たすならば x は必ず q を満たす</u>

という命題です．

条件 p, q の真理集合を $P=\{x|p\}$, $Q=\{x|q\}$ とすれば，上に述べたことは

　　U の任意の要素 x に対して　$x \in P \implies x \in Q$

ということと同じです．すなわち，$P \subset Q$ であることと同じです．

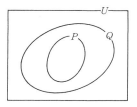

よって

　　命題 $p \implies q$ が成り立つことは $P \subset Q$ と同じこと

になります．したがってまた，

　　命題 $p \iff q$ が成り立つことは $P = Q$ と同じこと

になります．

次に，命題 $p \implies q$ の否定を考えてみましょう．上にいったように，命題 $p \implies q$ が成り立つことは $P \subset Q$ となることでしたから，"命題 $p \implies q$ が成り立たない"ということは"$P \subset Q$ ではない"ことと同じです．すなわち，"$p \implies q$ が成り立たない"というのは，全体集合 U のなかに

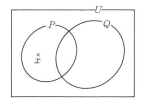

　　<u>$x \in P$ であるが $x \in Q$ でない x が存在する</u>

ということを意味しています．

例　実数 x に対して，命題"$x>1 \implies x>2$"は成り立ちません．たとえば $x=1.5$ は，条件 $x>1$ を満たすけれども，条件 $x>2$ は満たしません．

一般に，命題 $p \implies q$ が成り立たないことを示すには，上の例のように，条件 p を満たすけれども条件 q は満たさないような1つの例を示せばよいわけです．そのような例のこ

とを**反例**とよびます.

問36 次の命題は成り立ちますか. 成り立たないものについては反例をあげてください.（ただし, x は実数を表すものとします.）
(1) $x^2=1 \Longrightarrow x=1$　　(2) $x^2<1 \Longrightarrow x<1$
(3) $x^2>1 \Longrightarrow x>1$　　(4) $x<1 \Longrightarrow x^2<1$
(5) $x>1 \Longrightarrow x^2>1$

［注意：上では条件 p, q に対して $p \Longrightarrow q$ はいつも命題を表すといいました. これは少し言い過ぎかも知れません. $p \Longrightarrow q$ を "p' または q" という条件と解釈する可能性もあるからです. しかし実際には, こういう解釈はほとんどされず, 特別な事情がない限り, $p \Longrightarrow q$ はいつも本文にいったような命題として解釈されます. これは "ならば" という論理語の1つの特性ともいえるでしょう.］

◆　**2個以上の文字を含む条件**

私達はこれまでただ1つの文字についての条件を考えてきましたが, 条件にはもちろん2個以上の文字を含むものもあります. そのような条件——2変数以上の条件——に対しても, やはり "p でない", "p かつ q", "p または q" というような条件を考えることができますし, また条件 p, q から "$p \Longrightarrow q$" という形の命題を作ることができます.

そして, 今まで述べてきたことは, こうした2個以上の文字を含む条件に対しても（真理集合の考え方などは少し修正する必要がありますが）, 基本的には何も変わりません. たとえば, ド・モルガンの法則なども, 上とまったく同様に成り立ちます. よって私は, こまかいことはもういちいち再説せず, いくつかの簡単な例と問をあげるだけにとどめておきます.

例　(1)　実数 x, y について, "$x>0$ または $y>0$" の否定は "$x \leqq 0$ かつ $y \leqq 0$" です.
(2)　整数 m, n について, "m, n はともに偶数である" の否定は "m, n の少なくとも一方は奇数である" となります.

4.4 集合・命題・条件　195

例　(1)　命題 "$a=0 \implies ab=0$" は真です.

(2)　命題 "$ab=0 \implies a=0$" は偽です. たとえば,
$$a=1, \qquad b=0$$
は, $ab=0$ を満たしますが, $a=0$ を満たしません.

例　a が 0 でない実数, b, c が実数を表すとき, 次の命題は真です.
$$b^2-4ac>0 \implies 2 \text{ 次方程式 } ax^2+bx+c=0$$
$$\text{は異なる 2 つの実数解をもつ}$$

問37　a, b が実数を表すとき, 次の命題の真偽をいってください. 偽なものについては反例をあげてください.

(1)　$a>b \implies a^2>b^2$　　　(2)　$a^2=b^2 \implies a=b$

(3)　$a>b \implies a^3>b^3$

問38　a, b が複素数を表すとき, 次の命題は成り立ちますか?
$$a^2+b^2=0 \implies a=b=0$$

◆　逆と必要条件・十分条件

p, q が条件を表すとき, 命題 $p \implies q$ において, p をその**仮定**, q を**結論**といいます. 仮定と結論を入れかえた命題 $q \implies p$ を, $p \implies q$ の**逆**とよびます.

たとえば, 上の例のように,

　　　"$a=0 \implies ab=0$" は成り立ちますが,

　　　"$ab=0 \implies a=0$" は成り立ちません.

一般に, $p \implies q$ が正しくても, 逆 $q \implies p$ は必ずしも正しくありません. 少し古い時代には, このことを

逆は必ずしも真ならず

といいました.

命題 $p \implies q$ が成り立つとき,

　　　q を, p が成り立つための**必要条件**,

　　　p を, q が成り立つための**十分条件**

といいます.

例　"$a=0 \implies ab=0$" は真ですから,

　　　$ab=0$ は $a=0$ が成り立つための必要条件,

　　　$a=0$ は $ab=0$ が成り立つための十分条件

　　　です.

196 ④ 大小関係をみる──不等式

　命題 $p \Longrightarrow q$ と $q \Longrightarrow p$ とがともに成り立つとき，すなわち $p \Longleftrightarrow q$ が成り立つとき，q を，p であるための**必要十分条件**といいます．このとき，p は，q であるための必要十分条件です．また，p, q が互いに他の必要十分条件であることを，p と q が**同値**であるともいいます．同値な条件は，数学的にはまったく"同じ内容"を表しています．そのため，しばしば，条件 p と q が同値であることを，"条件 p と q は同じことである"というような言い方もします．

　［注意：q が，"p が成り立つための必要十分条件"であることを，単に q が，"p が成り立つための条件"である，ということもあります．］

例　"$ab=0 \Longleftrightarrow a=0$ または $b=0$"ですから，
　　　"$a=0$ または $b=0$"は
　　　　　$ab=0$ が成り立つための必要十分条件
　　　です．

例　2 次方程式 $ax^2+bx+c=0$ について，これが
　　　　　異なる 2 つの実数解，重解，異なる 2 つの虚数解
　　　をもつための必要十分条件は，それぞれ
　　　　　$b^2-4ac > 0,$ 　　$b^2-4ac = 0,$ 　　$b^2-4ac < 0$
　　　です．このことは，第 3 章 104 ページのまとめを見れば，ただちにわかります．

　必要条件，十分条件，必要十分条件（同値）という言葉は，数学においてきわめて基本的な言葉ですが，その内容をしっかりおぼえるのはなかなかむずかしいことです．読者は，下の図式を見て，視覚的にその意味をしっかり頭にたたきこんでください．それからまた，"$p \Longrightarrow q$ のとき，q は p の必要条件，p は q の十分条件"という言葉を何回も念仏（ねんぶつ）のようにとなえ，すっかりおぼえこんだと自信ができるまで，くり返してください．

$$p \implies q \qquad\qquad p \Longleftrightarrow q$$
　　　　　　　　　　十分条件　必要条件　　　　　必要十分条件
　　　　　　　　　　　　　　　　　　　　　　　　　　　同値

問39　次の(1)-(10)において，q は p が成り立つための必要条件か，十分条件か，必要十分条件か，それとも，そのいずれで

もないか，調べてください．

(1) $p: 2x-5=0$ $\qquad q: x=\dfrac{5}{2}$
(2) $p: a=b$ $\qquad q: a^2=b^2$
(3) $p: (x-1)(x-2)=0$ $\qquad q: x=1$
(4) $p: ac=bc$ $\qquad q: a=b$
(5) $p: ac=bc$ $\qquad q: a=b$ または $c=0$
(6) $p: ab>0$ $\qquad q: a>0$
(7) $p: a<b$ $\qquad q: a^2<b^2$
(8) $p: a^2<b^2$ $\qquad q: |a|<|b|$
(9) $p: x>0, y>0$ $\qquad q: x+y>0$
(10) $p: x>0, y>0$ $\qquad q: x+y>0, xy>0$

ただし，文字はすべて実数を表すものとします．

◆ 裏・対偶（うら・たいぐう）

p, q が条件であるときに，命題 $p \Longrightarrow q$ に対して，命題 $q \Longrightarrow p$ をその逆ということは上で述べましたが，さらに，

命題 $p' \Longrightarrow q'$ を $p \Longrightarrow q$ の**裏**
命題 $q' \Longrightarrow p'$ を $p \Longrightarrow q$ の**対偶**

といいます．もちろんここで，p', q' はそれぞれ条件 p, q の否定を表しています．

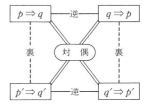

逆，裏，対偶の関係を図示すると右のようになります．

このうち，逆と対偶は記憶すべき言葉ですが，裏という語はその意味を忘れてもかまいません．これは，その言葉の"定義"があるだけで，実際に用いられることはほとんどないからです．（専門的な数学者でも，"命題 $p \Longrightarrow q$ の裏とはどういう命題か"ときかれて，すぐに答えられる人は少ないかも知れません．）記憶すべき言葉は，逆と対偶です．とくに重要なのは"対偶"です．というのは，命題 $p \Longrightarrow q$ とその対偶 $q' \Longrightarrow p'$ とは同値である，すなわち真偽が一致する，からです．

私は次にこのことを，簡単のため，p, q が 1 変数 x についての条件である場合について説明しましょう．変数 x の変域，すなわち全体集合を U とし，条件 p, q の真理集合をそれぞれ

$$P = \{x \mid p\}, \qquad Q = \{x \mid q\}$$

とします．このとき，読者がすでに知っているように，命題

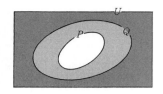

$p \Longrightarrow q$ が成り立つことは $P \subset Q$ であることと同じです．そしてまた明らかに，$P \subset Q$ であることは $Q' \subset P'$ であることと同じです．ゆえに，命題 $p \Longrightarrow q$ が成り立つことは，命題 $q' \Longrightarrow p'$ が成り立つことと同じになります．

上では p, q は 1 変数 x についての条件としましたが，2 変数以上の条件である場合にも，このことは成り立ちます．

> **命題 $p \Longrightarrow q$ とその対偶 $q' \Longrightarrow p'$ とは，真偽が一致する**

この定理は重要です．実際私達はしばしば，命題 $p \Longrightarrow q$ を示すために，その対偶 $q' \Longrightarrow p'$ を証明することがあるからです．この"対偶による証明法"の実例は，実は本書では非常に早い時期にありました．すなわち，8〜9 ページの，n が整数であるとき，

n^2 が偶数ならば，n は偶数である

という命題の証明がそうでした．私達はこの命題を証明するために，その対偶

n が奇数ならば，n^2 は奇数である

を証明したのです．（読者はそのページにもどって，この事実を確認してください．）

なお，ついでに注意しておきますと，命題 $p \Longrightarrow q$ を，その対偶 $q' \Longrightarrow p'$ を示すことによって証明するのは，すでに学んだ背理法の一例(しかも重要な一例)です．実際，それは，"結論 q の否定 q' から仮定 p と矛盾する結果を導く"という形になっているからです．

例 実数 a, b に対して，$a^2 + b^2 \leq 8$ ならば，"$a \leq 2$ または $b \leq 2$" であることを証明しなさい．

証明 この命題の対偶は

$a > 2, \ b > 2 \Longrightarrow a^2 + b^2 > 8$

となりますが，任意の実数 x に対して

$x > 2 \Longrightarrow x^2 > 4$

ですから，この対偶が成り立つことは明らかです．よって，この命題は証明されました．

問 40 対偶を示すことによって，次の命題を証明してください．
(1) 整数 m, n に対して，mn が偶数ならば，m, n の少なく

とも一方は偶数である.

(2) $a>0$, $b>0$, $a^2+b^2>50$ ならば, a,b の少なくとも一方は 5 より大きい.

(3) 整数 m,n に対して, m^2+n^2 が 3 の倍数ならば, m,n はともに 3 の倍数である.

最後に本章のしめくくりの意味で, もう 1 つ証明問題を出しておきましょう. これはべつに "対偶による証明" とは関係ありません.

問 41 a,b,c は 0 でない実数で, 2 次方程式 $ax^2+2bx+c=0$ は虚数解をもち, $bx^2+2cx+a=0$ は重解をもっています. このとき, 2 次方程式 $cx^2+2ax+b=0$ は異なる 2 つの実数解をもつことを証明してください.

解　答

第 1 章

問 1　$\dfrac{1}{6}=0.1\dot{6}$　　$\dfrac{30}{11}=2.\dot{7}\dot{2}$　　$-\dfrac{65}{202}=-0.3\dot{2}17\dot{8}$

　　　$\dfrac{1}{17}=0.\dot{0}58823529411764\dot{7}$

問 2　$1.\dot{6}=\dfrac{5}{3}$　　$3.5\dot{2}=\dfrac{317}{90}$　　$0.\dot{5}\dot{7}=\dfrac{19}{33}$

　　　$4.2\dot{5}\dot{4}=\dfrac{234}{55}$　　$1.\dot{7}4\dot{0}=\dfrac{47}{27}$

問 3　(1)　加法，減法，乗法について閉じている．除
　　　法については閉じていない．
　　　(2)　乗法のみについて閉じている．他の演算に
　　　ついては閉じていない．
　　　(3)　加法，乗法，除法について閉じている．減法
　　　については閉じていない．

問 4　$ab=c$ とおき，c が有理数であると仮定してみ
　　　ます．すると，$b=\dfrac{c}{a}$ の右辺が有理数となって，b
　　　が無理数であることに矛盾します．

問 5　$a+b\sqrt{2}=c+d\sqrt{2}$ の右辺を左辺に移項すると
　　　$(a-c)+(b-d)\sqrt{2}=0$ が得られます．よって上
　　　の例題から，$a-c=0$，$b-d=0$，すなわち $a=c$，
　　　$b=d$ という結論が導かれます．

問 6　$\dfrac{1}{8}$，$\dfrac{1}{9}$，1，$-\dfrac{1}{125}$

問 7　(1)　a^2　　(2)　1　　(3)　$\dfrac{1}{a^3}$

　　　(4)　a^3　　(5)　$\dfrac{1}{a^4}$　　(6)　$\dfrac{b^3}{a^3}$

問 8　**1**　$a>0$，$b>0$ のとき．
　　　$ab>0$ ですから $|ab|=ab$
　　　また $|a|=a$，$|b|=b$ ですから $|a||b|=ab$
　　　2　$a>0$，$b<0$ のとき．
　　　$ab<0$ ですから $|ab|=-ab$
　　　また $|a|=a$，$|b|=-b$ ですから $|a||b|=a(-b)=$
　　　$-ab$
　　　3　$a<0$，$b>0$ のとき．
　　　2 と同様．
　　　4　$a<0$，$b<0$ のとき．
　　　$ab>0$ ですから $|ab|=ab$
　　　また $|a|=-a$，$|b|=-b$ ですから $|a||b|=$
　　　$(-a)(-b)=ab$
　　　5　a,b の少なくとも一方が 0 のとき．

この場合は $|ab|$ も $|a||b|$ も 0 に等しい．

問 9　(1)　$q=18$，$r=18$　　(2)　$q=-5$，$r=10$
　　　(3)　$q=0$，$r=5$　　(4)　$q=-1$，$r=8$

問 10　(1)　最大公約数 $3^3\cdot19$，最小公倍数 $3^6\cdot7^2\cdot19^2$
　　　(2)　最大公約数 $2^2\cdot13$，最小公倍数 $2^4\cdot5^2\cdot11^2\cdot13^3$

問 11　(1)　15　　(2)　9　　(3)　572

問 12　(1)　$r=5$，$s=-4$　　(2)　$r=20$，$s=-9$

問 13　$r=-6$，$s=29$

問 14　(1)　$\{3k\,|\,k\text{ は整数}\}$　　(2)　$\{22k\,|\,k\text{ は整数}\}$

問 15　(1)　4 と 3 は互いに素．
　　　(2)　10000 と 3969 は互いに素．

問 16　(1)　$-\sqrt{2}$　　(2)　$2\sqrt{3}$

　　　(3)　3　　(4)　$\dfrac{1}{6}$

問 17　(1)　$\dfrac{\sqrt{7}}{14}$　　(2)　$\sqrt{2}+1$

　　　(3)　$4(\sqrt{5}-2)$

問 18　4.6458

問 19　(1)　$\sqrt{3}+1$　　(2)　$\sqrt{5}-2$
　　　(3)　$\sqrt{5}+\sqrt{3}$　　(4)　$3-\sqrt{6}$
　　　(5)　$\dfrac{\sqrt{6}-\sqrt{2}}{2}$　　(6)　$\dfrac{\sqrt{14}+\sqrt{6}}{2}$

問 20　1

第 2 章

問 1　(1)　$ax^3+bx^2y+cxy^2+dy^3$
　　　(2)　10 個．すなわち，$x^3,x^2y,xy^2,y^3,x^2,xy,y^2$，
　　　　x,y の各項および定数項．

問 2　10 個．すなわち，$x^2,y^2,z^2,xy,yz,zx,x,y,z$
　　　の各項および定数項．

問 3　(1)　$A+B=9x^3-3x^2-5x-6$
　　　　　$A-B=-7x^3-x^2+5x-8$
　　　(2)　$A+B=-8y^3-y^2+15y-2$
　　　　　$A-B=4y^3-9y^2-3y+12$

問 4　(1)　$2x^3-13x^2+21x-4$
　　　(2)　$x^4+x^3-10x^2+29x-15$
　　　(3)　$-3a^4+2a^3+8a^2-3a-4$
　　　(4)　$x^5+2x^4-14x^3+9x^2-12x+18$

問 5　(1)　$9x^2+30xy+25y^2$
　　　(2)　$16a^2-56ab+49b^2$

202 解　答

(3) $x^2-\dfrac{y^2}{4}$　　(4) $x^2+3x-28$

(5) $18x^2-3x-10$

(6) $10a^2-17ab+3b^2$

問 6 $n=3k+1$ ならば $n^2=9k^2+6k+1=(9k^2+6k)$ $+1$ で，かっこの中は 3 の倍数です．また $n=3k$ $+2$ ならば $n^2=9k^2+12k+4=(9k^2+12k+3)+1$ で，かっこの中は 3 の倍数です．したがって，n^2 を 3 で割ると 1 だけ余ります．

問 7 (1) $a^2+4b^2+c^2-4ab-4bc+2ca$

(2) $x^2+4xy+4y^2-6x-12y+9$

問 8 (1) $x^3+6x^2+12x+8$

(2) $8a^3-36a^2b+54ab^2-27b^3$

問 9 (1) $ab(2a-3b)$　　(2) $(2x-3)(x-4)$

(3) $(a+3)(b-4)$　　(4) $(x-a)(x-b)$

問 10 (1) $(5x-2)^2$　　(2) $(2a+3)^2$

(3) $9(2+a)(2-a)$

(4) $(x+1)(x-1)(y+1)(y-1)$

(5) $(a-b)(a+b)(a^2+b^2)$

(6) $(a^2+b^2-c^2)^2-4a^2b^2=(a^2+b^2-c^2)^2$
$-(2ab)^2$
$=(a^2+b^2-c^2+2ab)(a^2+b^2-c^2-2ab)$
$=\{(a+b)^2-c^2\}\{(a-b)^2-c^2\}$
$=(a+b+c)(a+b-c)(a-b+c)(a-b-c)$

問 11 (1) $(x+2)(x+7)$　　(2) $(x+7)(x-4)$

(3) $(x-6)(2x-1)$　　(4) $(3x+4)(4x+3)$

(5) $(a+b)(3a-10b)$

(6) $(2x+5y)(8x-9y)$

問 12 (1) $(3x-1)(9x^2+3x+1)$

(2) $(4x+5)(16x^2-20x+25)$

(3) $(2a-5b)(4a^2+10ab+25b^2)$

問 13 (1) $(x+y)(x-y-1)$

(2) $(a+b+c)(a-c)$

(3) $(x-y+2)(x-y+3)$

(4) $(x+1)(x-1)(x-y)$

(5) $(x+1)^2(x-1)^2$

(6) $(x+y)(x-y)(x+5y)(x-5y)$

(7) $(a-2)(a+2)(a^2+5)$

(8) $(a-2b)(a+2b)(a^2+4b^2)$

(9) $(2x-3y)(2x+3y)(4x^2+9y^2)$

(10) $(x-y)(x+y)(x^2+2y^2)$

(11) $(x-2)(x+6)(x+2)^2$

(12) $(x+2y-3)(2x-y+2)$

(13) $(x+2y-5)(x-3y+4)$

(14) $(x-2)(2x+y+3)$

(15) $(a+3b-2)(a-b-1)$

(16) $(a^2+2a+2)(a^2-2a+2)$

(17) $(x^2+x+1)(x^2-x+1)$

(18) $(a+b+1)(a+c+1)$

(19) $(x+y+1)(x^2-xy+y^2-x-y+1)$

(20) $3(a-b)(b-c)(c-a)$

問 14 (1) 商 $=x+2$，　余り $=9$

(2) 商 $=x^2-2x+3$，　余り $=0$

(3) 商 $=6x-5$，　余り $=-7x+5$

(4) 商 $=x^2-3x-2$，　余り $=9x+7$

(5) 商 $=2a^3+a^2+2$，　余り $=0$

問 15 (1) 商 $=a-b$

(2) 商 $=a^3+a^2b+ab^2+b^3$

(3) 商 $=a^2+b^2+c^2-bc-ca-ab$

問 16 はじめに最大公約数，次に最小公倍数を書きます．

(1) xy^2z,　$x^3y^2z^3$　　(2) a^2b,　$a^3b^3c^2$

(3) $x-3$,　$(x+1)(x-1)(x+3)(x-3)$

(4) $a+b$,　$(a+b)^2(a-b)(a^2-ab+b^2)$

(5) $x+y+z$,
$(x+y+z)(x+y-z)(x-y+z)(-x+y+z)$

問 17 次数が等しいものは $(x-2)^2$ と $(x-2)(x+4)$. 次数が等しいという制限をつけなければ，この解のほかに $x-2$ と $(x-2)^2(x+4)$.

問 18 (1) $x-7$　　(2) $x+1$　　(3) x^2-2x-2

問 19 (1) 0　　(2) $\dfrac{1}{x+1}$　　(3) 1

(4) $-\dfrac{1}{x-1}$　　(5) $\dfrac{(x-2)(x^2+2)}{x(x+1)}$

(6) $\dfrac{x}{x^2-x+1}$　　(7) $\dfrac{x}{(x-1)(x-2)(2x+1)}$

(8) $\dfrac{2(2x+3)}{x(x+1)(x+2)(x+3)}$　　(9) $\dfrac{8a^7}{a^8-1}$

(10) $\dfrac{3}{x(x+3)}$　　(11) 0

(12) $\dfrac{1}{(a+1)(b+1)(c+1)}$

問 20 (1) $\dfrac{x+7}{x}$　　(2) $\dfrac{1}{x}$

(3) $\dfrac{(x+2)(x+4)}{(x-2)(x+3)}$

(4) $\dfrac{5(x^2-2x+4)}{4(x-6)(x+1)}$

(5) $\dfrac{2(a+1)(a-2)}{(a-1)(a+2)}$

(6) $\dfrac{1-b}{a}$　　(7) $\dfrac{1}{3}$　　(8) 1

解 答　203

問 21　(1)　$\dfrac{x}{x-2}$　　(2)　$\dfrac{x-1}{x}$　　(3)　$\dfrac{2}{a}$

第 3 章

問 1　(1)　$x=-7$　　(2)　$x=-\dfrac{2}{5}$

　　　(3)　$x=4$　　(4)　$x=-5$

問 2　重なる時刻は 7 時 $38\dfrac{2}{11}$ 分

　　　直角をなす時刻は 7 時 $21\dfrac{9}{11}$ 分と 7 時 $54\dfrac{6}{11}$ 分

問 3　(1)　$x=-3,-6$　　(2)　$x=\pm\dfrac{15}{4}$

　　　(3)　$x=0,-4$　　(4)　$x=\dfrac{3}{2}$

　　　(5)　$x=\dfrac{5}{2},-\dfrac{2}{7}$　　(6)　$x=2,-\dfrac{3}{2}$

問 4　(1)　$x=\dfrac{3}{4},-2$　　(2)　$x=1\pm\sqrt{5}$

　　　(3)　$x=-4\pm4\sqrt{2}$　　(4)　$x=\dfrac{11\pm3\sqrt{5}}{2}$

　　　(5)　$x=-\dfrac{3}{2},-\dfrac{4}{3}$　　(6)　$\dfrac{2\pm\sqrt{10}}{3}$

問 5　(1)　$-6i$　　(2)　$2+8i$　　(3)　-36

　　　(4)　$31-29i$　　(5)　$-i$　　(6)　1

　　　(7)　i　　(8)　-1　　(9)　$\dfrac{3}{5}+\dfrac{4}{5}i$

　　　(10)　i　　(11)　$\dfrac{1}{2}-\dfrac{5}{2}i$　　(12)　$-i$

　　　(13)　$-i$　　(14)　-4　　(15)　$\dfrac{1}{5}$

　　　(16)　$-\dfrac{7}{25}+\dfrac{24}{25}i$

問 6　$x^2+x+1=0,\ \ x^3=1$

問 7　(1)　$x=\pm2\sqrt{2}\,i$　　(2)　$x=\pm\dfrac{4}{5}i$

　　　(3)　$x=\dfrac{-1\pm\sqrt{3}\,i}{2}$　　(4)　$x=\dfrac{5\pm\sqrt{31}\,i}{4}$

　　　(5)　$x=1\pm2i$　　(6)　$x=\dfrac{-2\pm\sqrt{3}\,i}{3}$

問 8　$a=2,\ \dfrac{2}{3}$

　　　$a=2$ のとき $x=-3$,　$a=\dfrac{2}{3}$ のとき $x=-\dfrac{7}{3}$

問 9　(1)　-6　　(2)　-7　　(3)　$\dfrac{4}{5}$

　　　(4)　$-\dfrac{71}{4}$

問 10　(1)　$2-2i$　　(2)　$b=-4,\ c=4$

　　　(3)　$x=2$ (重解)

問 11　(1)　$(7x+5)(8x+7)$

　　　(2)　$\left(x-\dfrac{1+\sqrt{5}}{2}\right)\left(x-\dfrac{1-\sqrt{5}}{2}\right)$

　　　(3)　$(3x+5i)(3x-5i)$

　　　(4)　$3\left(x-\dfrac{2+\sqrt{5}\,i}{3}\right)\left(x-\dfrac{2-\sqrt{5}\,i}{3}\right)$

　　　(5)　$(\sqrt{2}\,x+1)(\sqrt{2}\,x+13)$

問 12　$ax^2+bxy+cy^2=a\left(x^2+\dfrac{b}{a}xy+\dfrac{c}{a}y^2\right)$

　　　　　　　　　$=a\{x^2-(\alpha+\beta)\,xy+\alpha\beta y^2\}$

　　　　　　　　　$=a(x-\alpha y)(x-\beta y)$

問 13　実数の範囲では
$$x^4+x^2+1=(x^2+x+1)(x^2-x+1)$$
複素数の範囲では
$$x^4+x^2+1$$
$$=\left(x+\dfrac{1+\sqrt{3}\,i}{2}\right)\left(x+\dfrac{1-\sqrt{3}\,i}{2}\right)$$
$$\times\left(x-\dfrac{1+\sqrt{3}\,i}{2}\right)\left(x-\dfrac{1-\sqrt{3}\,i}{2}\right)$$

問 14　(1)　$2x^2-16x+35=0$

　　　(2)　$4x^2+4x+25=0$

　　　(3)　$7x^2-2x+1=0$

問 15　$-10,-10,-6,0,-4,26,-10$

問 16　$-9,-10,0,-27$

問 17　$-2x+4$

問 18　$x-1$ を因数にもつものは $P(x),R(x)$
　　　$x+1$ を因数にもつものは $R(x)$
　　　$x+2$ を因数にもつものは $P(x),Q(x)$

問 19　$k=3,\ k=8$

問 20　$P(2)=0,P(-2)=0$ から p,q を求めると,
$$p=-\dfrac{3}{2},\qquad q=-4$$

問 21　(1)　$(x+1)(x+2)(x-3)$

　　　(2)　$(x+1)(x^2-7x+2)$

　　　(3)　$(x-2)(x+2)(2x+1)$

　　　(4)　$(2x+1)(x^2-x+1)$

問 22　計算によって簡単に確かめられます.

問 23　計算によっても簡単に確かめられますが, ω は方程式 $x^2+x+1=0$ の解であったことを考えれば, この等式は明らかです.

問 24　(1)　$x=2,\ -1\pm\sqrt{3}\,i$

　　　(2)　$x=-1,\ \dfrac{1\pm\sqrt{3}\,i}{2}$

　　　(3)　$x=-2,\ 1\pm\sqrt{3}\,i$

問 25　$\dfrac{x}{a}=y$ とおけば, 与えられた方程式は $y^3=1$ となります. y についてのこの方程式の解は $1,\omega,$

204 解 答

ω^2 で，x はその a 倍ですから，$a, a\omega, a\omega^2$ となります．

問26 (1) $x=\pm1, \pm i$ (2) $x=\pm\sqrt{3}, \pm\sqrt{5}\,i$

問27 (1) $x=1, \dfrac{-1\pm\sqrt{13}}{2}$

(2) $x=3$（2重解）, -2

(3) $x=2, \pm\dfrac{\sqrt{6}}{2}$

(4) $x=-\dfrac{1}{2}, \dfrac{1\pm\sqrt{3}\,i}{2}$

(5) $x=1, -1, -1\pm\sqrt{3}\,i$

(6) $x=-2$（2重解）, $2\pm2i$

問28 $x=\dfrac{\sqrt{6}\pm\sqrt{6}\,i}{2}, \dfrac{-\sqrt{6}\pm\sqrt{6}\,i}{2}$

問29 $x=4$ または $5-\sqrt{17}$

問30 (1) $x=3, y=-2$ (2) $x=3, y=4$

(3) $x=1, y=-2, z=3$

(4) $x=-3, y=5, z=-1$

(5) $x=-6, y=13, z=-29$

(6) $x=1, y=2, z=3, u=4$

(7) $x=\dfrac{5}{2}, y=0, z=-4, u=\dfrac{3}{2}$

問31 百位，十位，一位の数字を x, y, z とすると，
$$x+y+z=12, \quad 3y=x+z,$$
$$100z+10y+x=100x+10y+z+693$$
この連立方程式を解いて $x=1, y=3, z=8$
答 138

問32 (1) $x=4, y=3$; $x=-3, y=-4$

(2) $x=2\sqrt{3}, y=6$; $x=-2\sqrt{3}, y=-6$

(3) $x=2, y=3$; $x=-\dfrac{2}{3}, y=-\dfrac{7}{3}$

(4) $x=2+\sqrt{2}, y=2-\sqrt{2}$;
$x=2-\sqrt{2}, y=2+\sqrt{2}$

(5) $x=4, y=1$; $x=1, y=4$

(6) $x=-5, y=5$; $x=\dfrac{3}{5}, y=\dfrac{4}{5}$

問33 縦 x cm，横 y cm とすると
$(x-4)(y+5)=xy$ より $5x-4y-20=0$
$(x+4)(y-5)=\dfrac{2}{3}xy$ より $15x-12y+60=xy$
この連立方程式を解いて $x=12, y=10$

問34 2辺を x cm，y cm とすれば，
$$x+y=21, \quad x^2+y^2=15^2=225$$
この連立方程式を解けばよろしい．
答 12 cm と 9 cm

問35 ヒントのように x, y を定めると，

$$2x+3y=50, \quad x^2+2y^2=300$$
この連立方程式を解いて
$$x=10, \ y=10 \quad \text{または} \quad x=\dfrac{230}{17}, \ y=\dfrac{130}{17}$$
よって，正方形の周 40 cm，長方形の周 60 cm，または正方形の周 $\dfrac{920}{17}$ cm，長方形の周 $\dfrac{780}{17}$ cm．

問36 (1) $x=\pm6, y=\pm2$; $x=\pm2\sqrt{7}, y=\mp\sqrt{7}$
（複号同順）

(2) $x=\pm1, y=\pm2$; $x=\pm\sqrt{6}\,i, y=\mp\dfrac{3}{2}\sqrt{6}\,i$
（複号同順）

(3) $x=\pm2, y=\mp3$; $x=\pm3, y=\mp2$
（複号同順）

(4) $x=\pm5, y=\mp3$; $x=\pm3i, y=\pm5i$
（複号同順）

(5) $x=3, y=2$; $x=2, y=3$

(6) $x=1, y=-1$; $x=\dfrac{2}{3}, y=-2$

(7) $x=1\pm i, y=1\mp i$（複号同順）

(8) $x=\pm2, y=\pm3i$（符号の組合せは任意）

問37 (1) ヒントのように $z=x+yi$ とおくと，
$$z^2=(x^2-y^2)+2xyi$$
したがって，
$$x^2-y^2=15, \quad xy=-4$$
この連立方程式の"実数解"を求めると，$x=\pm4$，$y=\mp1$（複号同順）．答 $z=\pm(4-i)$

(2) (1)と同様に，$x^2-y^2=0, xy=2$．この連立方程式の実数解を求めると $x=\pm\sqrt{2}, y=\pm\sqrt{2}$（複号同順）．答 $z=\pm(\sqrt{2}+\sqrt{2}\,i)$

問38 前問と同様に，$z=x+yi$ とおくと
$$x^2-y^2=a, \quad 2xy=b$$
この2式から，x^2 と $-y^2$ は t についての2次方程式
$$t^2-at-\dfrac{b^2}{4}=0$$
の2つの解となります．この2次方程式を解の公式によって解き，x, y は 0 でない実数であるから $x^2>0, y^2>0$ であること，また，$\sqrt{a^2+b^2}>a$，$\sqrt{a^2+b^2}>-a$ であることに注意すると，x^2, y^2 はそれぞれ
$$x^2=\dfrac{a+\sqrt{a^2+b^2}}{2}, \quad y^2=\dfrac{-a+\sqrt{a^2+b^2}}{2}$$
となることがわかります．最後に，かっこの中の符号のとり方についてですが，$2xy=b$ という式から，$b>0$ のときは x, y は同符号，$b<0$ のときは x, y は異符号でなければなりません．ゆえに，

解　答　　205

z は問題に述べた式で与えられることになります.

問 39　(1)　$x=-2$, $y=3$, $z=4$；

$$x=-\frac{2}{15},\ y=-\frac{11}{15},\ z=-\frac{16}{3}$$

(2)　$x=20$, $y=21$, $z=29$； $x=21$, $y=20$, $z=29$

(3)　$x=\pm\dfrac{3}{2}$, $y=\mp\dfrac{5}{2}$, $z=\pm5$（複号同順）

(4)　$x=\pm2$, $y=\mp1$, $z=\mp3$（複号同順）

問 40　縦, 横, 高さをそれぞれ x cm, y cm, z cm とすると

$$xy+yz+zx=188$$
$$(x+1)y+yz+z(x+1)=206$$
$$x(y+1)+(y+1)z+zx=204$$

第1式と第2式から $y+z=18$, 第1式と第3式から $x+z=16$ が得られ, この両式から y, x を z で表して第1式に代入すると z についての2次方程式ができます.

答　縦 6 cm, 横 8 cm, 高さ 10 cm

問 41　両辺を計算すれば同じ結果が得られます. (4) は次のようにしてもよろしい.

$$\frac{b}{a(a+b)}+\frac{c}{(a+b)(a+b+c)}$$
$$=\left(\frac{1}{a}-\frac{1}{a+b}\right)+\left(\frac{1}{a+b}-\frac{1}{a+b+c}\right)$$
$$=\frac{1}{a}-\frac{1}{a+b+c}$$

問 42　(1)　$a=-3$, $b=2$, $c=1$

(2)　$a=4$, $b=4$, $c=2$

(3)　$a=2$, $b=-5$, $c=3$

(4)　$a=1$, $b=0$, $c=1$, $d=6$

問 43　(1)　$a=1$, $b=-2$

(2)　$a=1$, $b=-1$, $c=3$

(3)　$a=2$, $b=1$, $c=-3$

(4)　$a=3$, $b=-3$, $c=5$

(5)　$a=\dfrac{1}{4}$, $b=-\dfrac{1}{4}$, $c=0$, $d=-\dfrac{1}{2}$

(6)　$a=1$, $b=-1$, $c=0$, $d=-1$, $e=0$

問 44　両辺に $(x-a)(x-b)(x-c)$ を掛けると

$$x^2=\frac{a^2(x-b)(x-c)}{(a-b)(a-c)}+\frac{b^2(x-c)(x-a)}{(b-c)(b-a)}$$
$$+\frac{c^2(x-a)(x-b)}{(c-a)(c-b)}$$

この整式の等式は $x=a, b, c$ に対して成立し, そして両辺は2次以下の整式です. よってこれは恒等式となります.

問 45　(1)　略

(2)　$$\frac{b^2-c^2}{a}+\frac{c^2-a^2}{b}+\frac{a^2-b^2}{c}$$
$$=-\left(\frac{b^2-c^2}{b+c}+\frac{c^2-a^2}{c+a}+\frac{a^2-b^2}{a+b}\right)$$
$$=-\{(b-c)+(c-a)+(a-b)\}=0$$

(3)　72 ページの因数分解の公式
$$a^3+b^3+c^3-3abc=(a+b+c)(a^2+b^2+c^2$$
$$-ab-bc-ca)$$
を用いれば, 直ちに結論が得られます.

問 46　与えられた比の値を k とすると, (1)の各辺は k, (2)の両辺は $\dfrac{(k+1)^2}{k}$, (3)の両辺は k, (4)の両辺は k^2

問 47　(1)　$15:12:10$　　(2)　$2:1:2$

(3)　$16:9:4$

問 48　$a=kx$, $b=ky$, $c=kz$ とすれば, (1)の両辺は k^2, (2)の両辺は $k^2(x^2+y^2+z^2)^2$

問 49

$$x=\frac{as}{a+b+c},\quad y=\frac{bs}{a+b+c},\quad z=\frac{cs}{a+b+c}$$

第 4 章

問 1　$17, 18, 19, 20$：$\dfrac{a}{b}=a\cdot\dfrac{1}{b}$ として, 性質 4, 12, 13, 14 および 15, 16 を用いる. $21, 22$：$\dfrac{a}{c}=a\cdot\dfrac{1}{c}$, $\dfrac{b}{c}=b\cdot\dfrac{1}{c}$ として, 性質 4, 11, 15, 16 を用いる.

問 2　(1)　性質 3 によって, $a>b$ から $a+c>b+c$, また $c>d$ から $b+c>b+d$. そこで性質 2 を用いる.

(2)　性質 4 によって, $a>b$, $c>0$ から $ac>bc$, また $c>d$, $b>0$ から $bc>bd$. そこで性質 2 を用いる.

(3)　性質 21 によって, $a>b$ の両辺を b で割ると $\dfrac{a}{b}>1$, さらにこの両辺を a で割ると $\dfrac{1}{b}>\dfrac{1}{a}$.

問 3　略

問 4　$a^2\geqq0$, $b^2\geqq0$ ですから $a^2+b^2\geqq0$. そしてもし a, b のいずれか一方が 0 でなければ, a^2, b^2 のいずれかは正ですから $a^2+b^2>0$. よって $a^2+b^2=0$ となるのは $a=b=0$ のときにかぎります.

問 5　(1)　$x>-4$　　(2)　$x\leqq4$

(3)　$x\leqq-\dfrac{1}{2}$　　(4)　$x>6$

問 6　(1)　$-3\leqq x<2$　　(2)　$x>-2$

問 7　(1)　$-2<x<4$　　(2)　$x<0$, $5<x$

(3)　$-3\leqq x\leqq2$

問 8　箱の個数を x とすると, ボールの個数は $9x+30$ で, 題意により $12(x-1)<9x+30<12x$ となります. これより $10<x<14$ で, x は整数です

206 　解　　答

から $x=11, 12, 13$. したがってボールの個数は
$129, 138, 147$ 個.

問 9 (1) $x<-\dfrac{3}{2},\ 2<x$　　(2) $x\leqq-4,\ \dfrac{5}{2}\leqq x$

(3) $3<x<4$　　(4) $-4\leqq x\leqq6$

(5) $x\leqq2-\sqrt{2},\ 2+\sqrt{2}\leqq x$

(6) $-2<x<\dfrac{5}{2}$

(7) -4 以外のすべての実数　　(8) $x=0$

(9) 実数全体　　(10) 解はない

(11) 実数全体

(12) $-1-\sqrt{5}\leqq x\leqq-1+\sqrt{5}$

問 10 (1) $-\dfrac{5}{2}<x<-2$

(2) $-2\leqq x<-1,\ 1<x\leqq4$

(3) $x<-\dfrac{1}{2},\ 5\leqq x$　　(4) $-2<x\leqq\dfrac{1}{2}$

(5) $-8<x\leqq-7,\ 5\leqq x<12$

問 11 $x=-5, -4, -3, -2, 5, 6, 7$

問 12 (1) $k<-5,\ -1<k$

(2) $k\leqq3-2\sqrt{2},\ 3+2\sqrt{2}\leqq k$

(3) $-\dfrac{4}{5}<k<0$

問 13 $a<-4,\ -1<a<4$

問 14 $(ab+cd)-(ac+bd)=(a-d)(b-c)>0$
$(ac+bd)-(ad+bc)=(a-b)(c-d)>0$

問 15 (1) $a^2+ab+b^2=\left(a+\dfrac{b}{2}\right)^2+\dfrac{3}{4}b^2\geqq0$

等号が成り立つのは $a=b=0$ のとき.

(2) $2x^2-3xy+4y^2=2\left(x-\dfrac{3}{4}y\right)^2+\dfrac{23}{8}y^2\geqq0$

等号が成り立つのは $x=y=0$ のとき.

(3) $(x^2+y^2)-(4x-6y-13)$
$=(x-2)^2+(y+3)^2\geqq0$

等号が成り立つのは $x=2, y=-3$ のとき.

問 16 (1) $(a^2+b^2)(x^2+y^2)-(ax+by)^2$
$=(bx-ay)^2\geqq0$

(2) $(a^4+b^4)-(a^3b+ab^3)=(a-b)^2(a^2+ab$
$+b^2)$ で, $(a-b)^2\geqq0$, また問 15(1) より a^2
$+ab+b^2\geqq0$. よって $(a^4+b^4)-(a^3b+ab^3)$
$\geqq0$

(3) $(a^2+b^2+c^2+3)-2(a+b+c)$
$=(a-1)^2+(b-1)^2+(c-1)^2\geqq0$

問 17 $3a=2b$ のとき.

問 18 (1) $\dfrac{a}{b}+\dfrac{b}{a}\geqq2\sqrt{\dfrac{a}{b}\cdot\dfrac{b}{a}}=2$

(2) $\left(\dfrac{a}{b}+\dfrac{c}{d}\right)\left(\dfrac{b}{a}+\dfrac{d}{c}\right)$

$\geqq2\sqrt{\dfrac{a}{b}\cdot\dfrac{c}{d}}\times2\sqrt{\dfrac{b}{a}\cdot\dfrac{d}{c}}=4$

(3) $\dfrac{x+y}{2}\geqq\sqrt{xy}$ の両辺の逆数をとれば

$$\dfrac{2}{x+y}\leqq\dfrac{1}{\sqrt{xy}}.$$

この両辺に xy を掛ける.

(4) 左辺－右辺$=(x-y)^2(x+y)\geqq0$

(5) $(b+c)(c+a)(a+b)$
$\geqq2\sqrt{bc}\cdot2\sqrt{ca}\cdot2\sqrt{ab}=8abc$

問 19 略

問 20 ピタゴラスの定理によって, $p^2=a^2+b^2$, $q^2=$
b^2+c^2, $r^2=c^2+a^2$. したがって
$$p^2\geqq2ab,\qquad q^2\geqq2bc,\qquad r^2\geqq2ca$$
これらを掛け合わせれば $p^2q^2r^2\geqq8a^2b^2c^2$. よっ
て $pqr\geqq2\sqrt{2}\,abc$.

問 21 略(問 22 の解参照)

問 22 (左辺)$^2-$(右辺)$^2=(\sqrt{qa}-\sqrt{pb})^2\geqq0$

問 23 (右辺)$^2-$(左辺)$^2=2|a||b|\geqq0$

問 24 $(\sqrt{a-b})^2-(\sqrt{a}-\sqrt{b})^2=2\sqrt{b}\,(\sqrt{a}-\sqrt{b})>0$
ゆえに $\sqrt{a-b}>\sqrt{a}-\sqrt{b}$

問 25 (左辺)$^2-$(右辺)$^2=pq(\sqrt{a}-\sqrt{b})^2\geqq0$

問 26 $(|a|+|b|)^2-|a+b|^2=2(|ab|-ab)$ が 0 になる
のは, $ab\geqq0$ のときです.

問 27 $|a|<|b|$ のときは $|a|-|b|<0$ ですから, 当然こ
の不等式は成り立ちます. $|a|\geqq|b|$ のときは
$$|a+b|^2-(|a|-|b|)^2=2(ab+|ab|)\geqq0$$

問 28 $(\sqrt{2(a^2+b^2)})^2-(|a|+|b|)^2=(|a|-|b|)^2\geqq0$

問 29 略

問 30 $x^2+y^2\geqq A^2+B^2$

問 31 $1+a+b\geqq1+a$ より $\dfrac{a}{1+a+b}\leqq\dfrac{a}{1+a}$

同様に $\dfrac{b}{1+a+b}\leqq\dfrac{b}{1+b}$

この 2 つの不等式を辺々加える.

問 32 $A\cap B=\{x\,|\,1\leqq x<3\}$,
$A\cup B=\{x\,|\,-3<x\leqq5\}$

問 33 略

問 34

p	q	p かつ q	$(p$ かつ $q)'$	p'	q'	p' または q'
○	○	○	×	×	×	×
○	×	×	○	×	○	○
×	○	×	○	○	×	○
×	×	×	○	○	○	○

解　答　　207

ゆえに $(p$ かつ $q)' \Longleftrightarrow p'$ または q'. 他方も同様.

問 35

p	q	$p \Rightarrow q$	$(p \Rightarrow q)'$	p	q'	p かつ q'
○	○	○	×	○	×	×
○	×	×	○	○	○	○
×	○	○	×	×	×	×
×	×	○	×	×	○	×

問 36　(1)　成り立たない. 反例　$x=-1$

(2)　成り立つ.

(3)　成り立たない. 反例　$x=-2$

(4)　成り立たない. 反例　$x=-2$

(5)　成り立つ.

問 37　(1)　偽. 反例　$a=-1,\ b=-2$

(2)　偽. 反例　$a=1,\ b=-1$

(3)　真.

問 38　成り立たない. 反例　$a=1,\ b=i$

問 39　(1)　必要十分条件　　(2)　必要条件

(3)　十分条件　　(4)　十分条件

(5)　必要十分条件　　(6)　いずれでもない

(7)　いずれでもない　　(8)　必要十分条件

(9)　必要条件　　(10)　必要十分条件

問 40　(1), (2)　略

(3)　m が 3 の倍数でなければ, m は $m=3k+1$ または $m=3k+2$ (k は整数) の形をしていて, m^2 を計算するとそれは $3u+1$ (u は整数) の形となります. このとき n が 3 の倍数ならばもちろん n^2 も 3 の倍数で, したがって m^2+n^2 は 3 の倍数ではありません. また, もし n が 3 の倍数でなければ, n^2 も $3v+1$ (v は整数) の形となって,

$$m^2+n^2=3(u+v)+2$$

となりますから, やはり m^2+n^2 は 3 の倍数ではありません. ゆえに m は 3 の倍数です. 同様に n も 3 の倍数となります.

問 41　仮定より $b^2-ac<0$, すなわち $b^2<ac$　　①

また $c^2-ab=0$, すなわち $c^2=ab$　　②

① から $ac>0$ ですから, a,c は同符号です.

② から $ab>0$ ですから, a,b も同符号です.

よって a,b,c はすべて同符号の数であることがわかります. さて, ①, ② から

$$b^2c^2<a^2bc$$
　　③

上に示したことから $bc>0$ ですから, ③ の両辺を bc で割ると $bc<a^2$, よって $a^2-bc>0$. これから結論が得られます.

索　引

ローマ数字 I, II, III, IV, V, VI は巻数を示します. 目次には
小項目まで入っておりますのであわせてご利用ください.

あ 行

arctan x の整級数展開　V-974
(i, j) 成分　V-1104, 1105
アークサイン　IV-879
アークタン　IV-882
アークタンジェント　IV-882
アステロイド　V-1074
値　IV-795, VI-1174
アフィン変換　VI-1197
アポロニウスの円　II-285
余り　I-25, 75
アレフ, アレフ・ゼロ　VI-1267

$(1+x)^a$ の整級数展開　V-975
e^x の整級数展開　V-972
移項の法則　I-88, 154
1 階微分方程式　V-1081, 1096
1 次関数　II-214
1 次結合　III-426, 498
　ベクトルの――　III-425, 497
1 次従属　V-1153, 1158
1 次独立　V-1154, 1158
1 次の近似式　V-955
1 次の同次式　I-61
1 次不等式　I-162
1 次分数関数　II-236
1 次変換　VI-1183, 1189, 1225
　可逆な――　VI-1192
　行列 A の表す――　VI-1184
　行列 A の定める――　VI-1184
　正則な――　VI-1192, 1201
　――f の行列　VI-1184
1 次方程式　I-88
1 対 1 の写像　VI-1177, 1262
1 対 1 の対応　VI-1227, 1263
位置ベクトル　III-439, 503
　分点の――　III-440
一般解　V-1081, 1084
一般角　II-345
一般項　III-576, IV-725

陰関数　IV-861
因数　I-32, 68
因数定理　I-116, V-961
因数分解　I-68, 107, 118
インテグラル　V-1005

上に凹　V-930
上に凸　II-219, V-928, 930
上に有界　V-1000, VI-1301, 1302
上への 1 対 1 の写像　VI-1179
上への写像　VI-1177, 1262
裏　I-197

a から b まで積分する　V-1005
a において連続　IV-819
$m \times n$ 行列　V-1104
m 行 n 列の行列　V-1104
n 階微分方程式　V-1096
n 項実数ベクトル　V-1102
n 項ベクトル　V-1102
n 個のものの円順列　IV-696
n 次関数　IV-822
n 次元空間　VI-1224
n 次式　I-59
n 次の行列　V-1104
n 次の正方行列　V-1104
n 次方程式　I-113, 126
n 乗　I-15
n 乗根　II-304, III-472
x 座標　II-213, III-494
x 軸　II-213, III-493
x 成分　III-427, 499
x 切片　II-265
xy 平面　II-213, III-493
鋭角　II-341
エラトステネスのふるい　I-27
円環体　V-1065
　――の表面積　V-1080
円環面　V-1080
円順列　IV-696
円すい曲線　III-567

延長　II-340
円の内部・外部　II-294
円の方程式　II-272
円盤　II-295

オイラーの関数　VI-1247, 1259
オイラーの定理　VI-1249
凹関数　V-930
凹凸(曲線の)　V-928, 930, 932
大きい　I-19
大きさ(ベクトルの)　III-420

か 行

解　I-87, 161, V-1081, VI-1251
開円盤　II-295
外角　II-404
開球　III-523
解曲線　V-1086
開区間　IV-796
階差数列　III-597
階乗　IV-691
外心　II-271, 276
解析幾何学　II-271
外接円　II-276
回転　III-557, 560, VI-1193
解の公式(2 次方程式の)　I-94
外部(角の)　II-341
外分　II-254
ガウスの記号　I-50, II-332, IV-812
ガウス平面　III-464
下界　V-1000, VI-1301
可換　V-1117
可逆行列　V-1123
可逆な 1 次変換　VI-1192
角　II-340
確率　IV-741, 747
　重複試行の――　IV-781
　余事象の――　IV-750
　――の加法定理　IV-751
　――の基本性質　IV-747
　――の乗法定理　IV-764

(2) 索　引

確率分布　　VI-1344, 1346
確率変数　　VI-1344, 1345
下限　　V-1001, VI-1305
可算　　VI-1267
可算(の)基数　　VI-1267
可算集合　　VI-1267, 1269, 1273
可算(の)濃度　　VI-1267
カージオイド　　V-953
下積分　　V-1003
加速度　　・IV-887, V-949
加速度スカラー　　V-949
加速度ベクトル　　V-949
型(行列の)　　V-1104
傾き　　II-215, 362
下端　　V-990
仮定　　I-195
加法　　I-11
　　——に関する公理　　VI-1328
　　——の結合法則　　I-13
　　——の交換法則　　I-13
加法単位元　　VI-1329
加法定理(加法公式)
　　一般の——　　IV-752
　　確率の——　　IV-751
　　正弦の——　　II-362, VI-1197
　　正接の——　　II-365
　　余弦の——　　II-362, VI-1197
下方和　　V-988
可約　　I-73
カルダノの解法　　I-129, VI-1326
関数　　II-210, IV-794
　　1 次——　　II-214
　　2 次——　　II-218
　　n 次——　　IV-822
　　陰——　　IV-861
　　奇——　　II-356, V-1036
　　逆——　　II-247, 317, IV-828
　　偶——　　II-356, V-1036
　　定数——　　II-216, IV-795
　　陽——　　IV-861
完全剰余系　　VI-1241
カントルの対角線論法　　VI-1288
簡約律　　VI-1330

幾何平均　　III-619
奇関数　　II-356, V-1036
基準　　III-439, 503
基数　　VI-1265
軌跡　　II-282
期待値　　VI-1353

偽である　　I-186, VI-1358
帰納的定義　　III-612
帰納法　　III-609
基本ベクトル　　III-427, 498
既約　　I-73
逆　　I-195
逆関数　　II-247, 317, IV-828
　　——の微分法　　IV-858
逆行列　　V-1119, 1121
逆写像　　VI-1179
既約剰余系　　VI-1247
既約剰余類　　VI-1247
逆数　　I-13
逆正弦関数　　IV-879
逆正接関数　　IV-882, V-1030
逆像　　VI-1203
逆ベクトル　　III-421, 496
既約分数　　I-26
既約分数式　　I-80
逆変換　　VI-1191
球　　III-520
　　——の体積　　V-1065
　　——の表面積　　V-1079
　　——の方程式　　III-520
級数　　IV-673
九点円　　III-458
球面　　III-520, 523
行　　V-1103
　　第 1 ——　　V-1103
　　第 2 ——　　V-1103
共通事象　　IV-745
共通部分　　I-184
行ベクトル　　V-1103
共役　　III-463, 539
共役複素数　　I-97, III-463
行列　　V-1103
　　m×n ——　　V-1104
　　m 行 n 列の——　　V-1104
　　n 次の——　　V-1104
　　可逆——　　V-1123
　　逆——　　V-1119, 1121
　　正則——　　V-1123
　　正方——　　V-1104
　　対角——　　V-1118
　　単位——　　V-1116, 1118
　　転置——　　V-1108
　　零——　　V-1106
　　——の積　　V-1110
　　——の結合法則　　V-1114
　　——の分配法則　　V-1113

行列式　　V-1125, VI-1208
　　2 次の——　　V-1125
　　3 次の——　　V-1130
　　n 次の——　　V-1140
極　　III-551
極形式　　III-469
極限　　IV-639, 805, VI-1300, 1310
　　有限の——　　IV-643
極限値　　IV-639, 805, 812
極限の法則　　IV-644, 648, 650
極座標　　V-950
極小値　　V-900
極小点　　V-900
局所的最小点　　V-900
局所的最大点　　V-900
極線　　III-551
曲線の長さ　　V-1071, 1073
極大値　　V-900
　　強い意味の——　　V-900
極大点　　V-900
　　強い意味の——　　V-900
極値　　V-901
極値点　　V-901
虚根　　I-104
虚数　　I-96
虚数解　　I-104
虚数軸　　III-464
虚数単位　　I-96
近似式(1 次の)　　V-955
近似多項式(次数≦n−1)　　V-964

偶関数　　II-356, V-1036
空間図形　　III-487
　　直線の方程式　　III-507
　　平面の方程式　　III-514
空間の座標　　III-493
空事象　　IV-740
空集合　　I-182
区間　　IV-796
　　開——　　IV-796
　　閉——　　IV-796
区分求積法　　V-987
組合せ　　IV-698
　　重複——　　IV-708
グラフ　　II-214, 262, V-934
クラメルの公式　　V-1149

k 重解　　V-962
経験的確率　　IV-738
係数　　I-58

結合法則　I-185, III-422, V-1107, 1114
　加法の——　I-13
　乗法の——　I-13
結論　I-195
元　I-38
原始関数　V-997, 1006
減少関数　II-314, IV-798
減少する　IV-798, V-908
　強い(弱い)意味で——　IV-799
減衰振動　V-1098
原点　I-2, II-212, III-439, 493
　——を動かさない等長変換　VI-1214
減法　I-11

項　I-58, III-575
交換法則　I-185, III-422, V-1107
　加法の——　I-13
　乗法の——　I-13
広義の積分　V-1056
公差　III-577
格子点(双曲線上の)　IV-661
項数　III-576
合成関数　IV-849
　——の微分法　IV-853
合成写像　VI-1180
合成数　I-27, VI-1230
合成変換　VI-1190
交線　III-490
交代行列　V-1108
交点(直線と平面の)　III-490
合同　VI-1239
恒等式　I-142
合同式　VI-1239, 1250
恒等写像　VI-1182
恒等変換　VI-1185
合同変換　VI-1219
合同方程式　VI-1251
公倍数　I-26, 77
　最小——　I-26, 77
公比　III-584
降べきの順　I-60
公約数　I-25, 77
　最大——　I-25, 37, 77, VI-1231
公理　I-153
コサイン　II-346
コサイン・カーブ　II-355
コーシーの平均値定理　V-977
互除法　I-34

弧度　II-342
弧度法　II-343
固有多項式　VI-1221
固有値　VI-1220
固有ベクトル　VI-1220
孤立点　VI-1314
根元事象　IV-740
根号　I-43
混循環小数　IV-681

さ 行

$\sin x$, $\cos x$ の整級数展開　V-973
差　I-11, III-423, V-1107
サイクロイド　V-945
最小公倍数　I-26, 77
最小上界　V-1001, VI-1305
最小値　II-300, IV-826
最小点　IV-826
最大下界　V-1001, VI-1305
最大公約数　I-25, 37, 77, VI-1231
最大最小値の定理　IV-827, VI-1318
最大値　II-300, IV-826
最大点　IV-826
サイン　II-346
サイン・カーブ　II-355
座標　I-3, II-213
座標軸　II-212, III-493, 498
座標平面　II-213
三角関数の合成　II-368
三角関数表　II-387
三角形の五心　II-402
三角形の面積　II-390, 391
3重解　I-123
算術の基本定理　VI-1234
算術平均　III-619
3乗　I-15
3乗根　I-121
三垂線の定理　III-492
3倍角の公式　II-373
三平方の定理　II-286, III-436

始域　VI-1174
軸　II-219, III-529, 568
試行　IV-736
　重複——　IV-779
始集合　VI-1174
事象　IV-736
2乗　I-15
辞書式の並べ方　IV-708

指数　I-16, II-307, 311
次数　I-58, 59, V-1104
指数関数　IV-817, V-972
指数関数, a を底とする　II-312
指数法則　I-16, II-304
始線　II-344
自然数　I-2, VI-1230
自然対数　IV-874
　——の底　IV-873
四則演算　I-11
下に凹　V-930
下に凸　II-219, V-928, 929
下に有界　V-1000, VI-1301, 1302
実根　I-104
実数　I-2
　——の連続性　V-1002, VI-1305
実数解　I-104
実数軸　III-464
実数体　VI-1331
始点　III-420, 496
シムソン線　III-484
シムソンの定理　III-484
射影　III-437
写像　VI-1173, 1174
　1 対 1 の——　VI-1177, 1262
　上への——　VI-1177, 1262
　上への 1 対 1 の——　VI-1179
　中への——　VI-1177
終域　VI-1174
重解　I-103, 104, V-962
周角　II-341
周期　II-356
周期関数　II-356
集合　I-12, 182
集合論　VI-1261
重根　I-104
終集合　VI-1174
重心　II-261, III-505
集積点　VI-1311
従属　IV-776, 777, V-1154
従属事象　IV-777
収束する　IV-639, 674, 805, V-1057, 1059
従属変数　II-210, IV-795
終点　III-420, 496
重複組合せ　IV-708
重複試行　IV-779
　——の確率　IV-781
重複順列　IV-696
十分条件　I-195, VI-1364

(4) 索　引

自由変数　VI-1361
述語　VI-1359
循環小数　I-5, IV-680
　　混──　IV-681
　　純──　IV-681
循環節　I-5
　　──の長さ　I-5
純虚数　I-96
準線　III-528, 565, 566
順列　IV-690
　　円──　IV-696
　　重複──　IV-696
商　I-11, 25, 75
上界　V-1000, VI-1301
消去する　I-131
消去律　VI-1330
象限　II-213
　　第1〜4──　II-213
　　正──　II-213
　　非負──　II-213
上限　V-1001, VI-1305
条件　I-190, VI-1359
条件つき確率　IV-763
上射　VI-1177
小数部分　I-50, II-331
上積分　V-1003
上端　V-990
焦点　III-528, 530, 536
昇べきの順　I-60
乗法　I-11
　　──に関する公理　VI-1328
　　──の結合法則　I-13
　　──の交換法則　I-13
乗法単位元　VI-1329
乗法定理(確率の)　IV-764
上方和　V-988
剰余　I-25, 75
常用対数　II-326
常用対数表　II-326, 328
剰余系　VI-1241
　　完全──　VI-1241
　　既約──　VI-1247
剰余項　V-965
剰余の定理　I-115
剰余類　VI-1241
　　既約──　VI-1247
初期条件　V-1086
初項　III-575
除法　I-11, 22, 74
心臓形　V-953

真である　I-186, VI-1358
振動する　IV-642
真部分集合　I-40, 183
真分数式　V-1022
真理集合　I-191
真理表　I-187

推移律　VI-1239, 1263, 1266
垂心　II-271
垂線の足　III-450
垂直　II-267, III-433, 488, 490, 491,
　501
数学的帰納法　III-603, 605
　　──の原理　VI-1371
　　──の第2形式　III-611
数直線　I-3
数列　III-574
　　──の和と一般項　III-599
数論の基本定理　VI-1234
スカラー　III-424
図形(平面──, 空間──)
　　──の回転　III-557
　　──の平行移動　III-553
　　──の方程式　II-262
すべての　VI-1360

z座標　III-494
z軸　III-493
z成分　III-499
zx平面　III-493
整関数　IV-822
整級数　V-969
整級数展開　V-969, 973
　arctan x の──　V-974
　$(1+x)^a$ の──　V-975
　e^x の──　V-972
　sin x, cos x の──　V-973
　log$(1+x)$ の──　V-974
正弦　II-346
　　──の加法定理　II-362, VI-1197
正弦曲線　II-355
正弦定理　II-382
整式　I-59
　　──として等しい　I-144
　　──の一致の定理　I-144, 145
整数　I-2, 22, VI-1230
　　正の──　I-2, VI-1230
　　負の──　I-2, VI-1230
整数部分　I-50, II-331
正接　II-351

　　──の加法定理　II-365
正則行列　V-1123
正則な1次変換　VI-1192, 1201
正の数の基本性質　I-158
正の整数　I-2, VI-1230
正の部分　I-3
正の向き　I-3, II-344
正の無限大に発散　IV-641, 811
成分　III-427, 437, V-1103
　　x, y──　III-427, 499
　　z──　III-499
　　(i, j)──　V-1104, 1105
成分表示　III-427, 499
正方行列　V-1104
星芒形　V-1074
整理する　I-59
積　I-11
　　──を和または差になおす公式
　　II-378, V-1021
積事象　IV-745
積の法則　IV-689
積分　V-990, 1004, 1056
　　──の存在定理　V-990
　　──に関する平均値の定理　V-
　　1047
積分可能　V-1000, 1004, 1005
　　リーマン──　V-1004
積分する　V-1005, 1006
積分定数　V-1006
接する　II-228, 230, 276, III-523,
　542, 547
接線　II-276, IV-802, 803, 846
絶対値　I-20, III-465
接点　II-228, 230, 277, III-523, 542,
　547, IV-846
接平面　III-523
切片　II-216
　　x──　II-265
　　y──　II-216
ゼロ　VI-1329
漸化式　III-612
漸近線　II-238, III-539, V-936
線形結合　III-426, 498
線形写像　VI-1225
線形従属　V-1153
線形性　V-1126, VI-1188, 1225
線形独立　V-1154
線形変換　VI-1183, 1225
先験的確率　IV-739
全事象　IV-740

索　引　(5)

全射　VI-1177, 1262
全称記号　VI-1361
全称命題　VI-1361
全体集合　I-185
全単射　VI-1179, 1262

素因数分解　I-30, VI-1230
像　VI-1174, 1177
増加関数　II-314, IV-797
増加する　IV-797, V-908
　強い(弱い)意味で――　IV-799
相加平均　I-176, III-619
双曲線　III-527, 536, 546
　――上の格子点　IV-660
増減表　V-911
相似変換　VI-1185
双射　VI-1179
相乗平均　I-176, III-619
相対度数　IV-738
相対頻度　IV-738
増分　IV-835
添字　III-575
属する　I-38
速度　IV-800, 887, V-948, 1074
速度ベクトル　V-948, 1074
束縛変数　VI-1361
素数　I-27, VI-1230
存在記号　VI-1361
存在する　VI-1360
存在命題　VI-1361

た　行

体　VI-1328
第1行　V-1103
第 i 行に関する展開式　V-1141
第 i 行ベクトル　V-1104
第 n 項　III-575
第2次導関数　IV-884, V-942
第 n 次導関数　IV-884
第1〜4象限　II-213
第 i 成分　V-1102
第1列　V-1103
第 j 列に関する展開式　V-1142
第 j 列ベクトル　V-1104
対角行列　V-1118
対角成分　V-1118
対偶　I-197
対称移動　VI-1184
対称行列　V-1108
対称式　I-106

対称律　VI-1239, 1263, 1266
対数, a を底とする M の　II-315
　――の性質　II-319
代数学の基本定理　I-128, III-476
対数関数　IV-817, V-1030
対数関数, a を底とする　II-317
代数的数　VI-1294
対数微分法　IV-878
体積の公式　V-1062, 1064
対等　VI-1263, 1291
だ円　III-527, 530, 534, 546
高い(次数が)　I-59
互いに素　I-26, 77, VI-1232
多項式　I-58
　固有――　VI-1221
　――に関するテイラーの定理　V-961
多項定理　IV-730
たすき掛けの図式　I-69
縦ベクトル　V-1103
単位円　II-347
単位行列　V-1116, 1118
単位元　VI-1329
単位点　I-2
単位ベクトル　III-424, 496
単解　V-962
単項式　I-58
タンジェント　II-351
短軸　III-533
単射　VI-1177, 1262
単振動　V-1098
単調関数　IV-798
単調(に)減少　IV-798, VI-1306
単調減少関数　IV-798
単調(に)増加　IV-797, VI-1306
単調増加関数　IV-797
単調有界数列の収束定理　VI-1306
単調連続関数の逆関数に関する定理　VI-1320
端点　II-339

値域　II-212, IV-795, VI-1177
小さい　I-19
チェヴァの定理　II-399
置換積分法　V-1013, 1034
中間値の定理　IV-824, 826, VI-1316
中心　II-272, III-520, 532, 537
中線　II-260
稠密　I-4

超越数　VI-1294
長軸　III-533
頂点　II-219, 340, III-529, 533, 538, 568
重複順列　IV-696
調和数列　III-596
直積　VI-1256, 1270
直線　II-216
　――と平面の垂直　III-491
　――の方程式　II-264, III-444, 505, 507
直角　II-340
直角双曲線　II-238, III-540
直交　III-433, 488, 490, 491, V-1092
直交行列　VI-1218
直交変換　VI-1218

対ごとに素　VI-1253
通分する　I-80
強い意味で増加・減少　IV-799
強い意味の極大値　V-900
強い意味の極大点　V-900

定義域　II-211, IV-795, VI-1174
定数　I-76, 88
定数関数　II-216, IV-795
定数係数の2階線形同次微分方程式　V-1099
定数項　I-59
定積分　V-990, 1004
　――の基本性質　V-993, 1030
　――の置換積分法　V-1034
　――の部分積分法　V-1040
底変換の公式　II-323
テイラー展開　V-969
テイラーの定理　V-961, 966
ディリクレの部屋割り論法　I-54
展開公式　I-64
展開式　V-1130, 1141, 1142
　第 i 行に関する――　V-1141
　第 j 列に関する――　V-1142
展開する　I-64
添数　III-575
転置行列　V-1108
点と直線の距離　II-270
点と平面の距離　III-518

導関数　IV-834
　第2次――　IV-884, V-942
　第 n 次――　IV-884

(6) 索 引

——の符号と関数の増減　V-908
動径　II-344, 345
統計的確率　IV-738
等差数列　III-577
　　——の一般項　III-577
　　——の和　III-579
同次式　I-61
　　1次の——　I-61
　　2次の——　I-61
等速円運動　V-949
同値　I-196, VI-1364
　　pとqとは——　I-91, 189
等長変換　VI-1214, 1219
　　原点を動かさない——　VI-1214
等比級数　IV-675
等比数列　III-584
　　——の一般項　III-584
　　——の和　III-586
同様に確からしい　IV-737, 741
同類項　I-59
解く　I-87, 161, V-1081, VI-1251
特殊解　V-1081
特称命題　VI-1361
特性関数　VI-1338
独立　IV-776, 779, V-1154
独立事象　IV-776
独立変数　II-210, IV-795
閉じた半平面　II-294
閉じている　I-12
凸　II-219
　　上に——　II-219, V-928, 930
　　下に——　II-219, V-928, 929
凸関数　V-930, 939
凸集合　III-452
ド・モアブルの公式　III-472
ド・モルガンの法則　I-186, 189,
　　192, VI-1365
トーラス　V-1065
トリセリーの法則　V-1094
トレミーの定理　III-483
鈍角　II-341

　　　な 行

内角　II-404
内心　II-403
内積　III-431, 501
　　——の性質　III-432, 435
内接円　II-404
内部(角の)　II-341
内分　II-254

長さ(ベクトルの)　III-420
中への写像　VI-1177
成り立たない　I-186, VI-1358
成り立つ　I-186, VI-1358

2階微分方程式　V-1096
2元2次方程式のグラフ　III-561
二項係数　IV-725
二項定理　IV-725
二項分布　VI-1350
　　——の平均　VI-1353
2次関数　II-218
2次曲線　II-292, III-541
　　——の回転　III-560
　　——の準線と離心率　III-563
　　——の平行移動　III-555
2次式の因数分解　I-107
2次の同次式　I-61
2次不等式　I-165
2次方程式　I-91
　　——の解と係数の関係　I-106
　　——の解の公式　I-102
2重解　I-123
二重根号をはずす　I-48
2乗　I-15
2直線のなす角　III-488
2点間の距離　II-254, 258, III-495
2倍角の公式　II-372, V-1019
2平面のなす角　III-490
ニュートン商　IV-830
ニュートンの定理　III-460
任意定数　V-1081

ねじれの位置にある　III-488

濃度　VI-1265, 1276
濃度対等　VI-1263

　　　は 行

場合の数　IV-687
媒介変数　III-445, 506, V-944
媒介変数表示　III-445, 506, V-944
倍数　I-25, 32, 68, VI-1230
排反　IV-746
排反事象　IV-746
背理法　I-10
パスカルの三角形　IV-724
発散する　IV-640, 674
　　正の無限大に——　IV-641, 811
　　負の無限大に——　IV-641, 811

速さ　V-948, 1075
パラメーター　III-445, 506, V-944
パラメーター表示　V-944
張られる　V-1152, 1154
半開区間　IV-796
半角の公式　II-373
半径　II-272, III-520
反射律　VI-1239, 1263, 1266
半直線　II-339
反比例　II-236
繁分数式　I-84
半閉区間　IV-796
半平面　II-293
判別式　I-103
反例　I-194

pかつq　I-187
pでない　I-187
pとqとは同値, $p \Leftrightarrow q$　I-91, 189
pならばq, $p \Rightarrow q$　I-91, 187
pまたはq　I-187
比　I-148
　　——の値　I-148
非可算集合　VI-1284
低い(次数が)　I-59
ピタゴラス数　II-286
ピタゴラスの定理　II-286, III-436
左側極限値　IV-812
左側微分可能　IV-834
左側微分係数　IV-834
左側連続　IV-822
非調和比　III-481
必要十分条件　I-196, VI-1364
必要条件　I-195, VI-1364
否定　I-187, VI-1365
等しい　I-40, 96, 183, III-421, V-
　　1104
等しい基数　VI-1266
等しい濃度　VI-1266
ビネの公式　III-616
微分可能　IV-831, 833, 834
　　左側——　IV-834
　　右側——　IV-834
微分係数　IV-831
　　左側——　IV-834
　　右側——　IV-834
微分する　IV-836
微分積分学の基本公式　V-999
微分積分学の基本定理　V-998,
　　1030

索　引　(7)

微分と積分との関係　V-1030

微分法　IV-793, 853, 858

　　対数——　IV-878

微分方程式　V-1081

　　1 階——　V-1081, 1096

　　2 階——　V-1096

　　n 階——　V-1096

　　——の一般解　V-1081, 1084

標準形　III-530, 532, 537

標本空間　IV-739

標本点　IV-739

開いた半平面　II-294

比例　II-215

比例式　I-149

比例定数　II-215, 236

比例部分の表　II-330

フィボナッチの数列　III-612

フェラリの解法　I-129, VI-1327

フェルマーの最終定理　VI-1370

フェルマーの大定理　VI-1370

フェルマーの定理　VI-1249

フェルマーの問題　VI-1370

複号　I-67

複号同順　I-67, 138

複素数　I-96, III-462, VI-1333

　　共役——　I-97, III-463

　　——の n 乗根　III-472

　　——の演算　I-97

　　——の極形式　III-468

　　——の虚部　III-462

　　——の実部　III-462

　　——の絶対値　III-465

複素数体　VI-1332

複素平面　III-464

含まれる　I-40, 183

含む　I-40, 183

不定積分　V-997, 1006

　　分数関数の——　V-1026

不等式　I-151

　　1 次——　I-162

　　2 次——　I-165

　　——の表す領域　II-293, 296

　　——の基本性質　I-153

負の整数　I-2, VI-1230

負の部分　I-3

負の向き　I-3, II-344

負の無限大に発散　IV-641, 811

部分集合　I-40, 183

部分積分法　V-1017, 1040

部分分数に分解する　V-1023

部分和　IV-673

不連続　IV-820

分割(区間の)　V-988

分子　I-80

分数　I-2

分数関数　II-236, IV-844, V-1022

　　1 次——　II-236

分数式　I-80

　　既約——　I-80

　　——の不等式　I-180

分数不等式　II-240

分数方程式　II-239

分配法則　I-13, 185, V-1113, VI-1329

分母　I-80

　　——の有理化　I-46

閉円盤　II-295

平角　II-340

閉球　III-523

平均　VI-1352

平均値　VI-1352

平均値の定理　V-906

　　コーシーの——　V-977

　　積分に関する——　V-1047

　　——の一般化　V-977

平均変化率　IV-830

閉区間　IV-796

平行　II-267, III-425, 489, 490, 496, 501

平行四辺形等式　III-436

平行四辺形の面積　III-438, V-1153

平行六面体の体積　V-1157

平方　I-15

平方根　I-42, 44

平方(の)和　I-173, III-591

平面　II-262, III-505, 523

　　——の決定　III-489

　　——の方程式　III-514

平面図形　II-253

べき　I-16

べき級数　V-969

べき級数展開　V-969

べき集合　VI-1281

ベクトル　III-420, 496, 498

　　位置——　III-439, 503

　　n 項——　V-1102

　　加速度——　V-949

　　基本——　III-427, 498

逆——　III-421, 496

行——　V-1103

空間の——　III-496

固有——　VI-1220

速度——　V-948, 1074

第 i 行——　V-1104

第 j 列——　V-1104

縦——　V-1103

単位——　III-424, 496

方向——　III-445, 506

法線——　III-448, 513

横——　V-1103

零——　III-421, 496

列——　V-1103

　　——の 1 次結合　III-425, 497

　　——の成分　III-427

　　——の内積　III-431, 500

　　——の平行　III-425

　　——の変換　VI-1187

ベクトル方程式　III-445, 506, 513

ベル方程式　IV-671

ベルンシュタインの定理　VI-1278

ヘロンの公式　II-391

辺　II-340

変域　I-190, II-211, VI-1359

偏角　III-468

変化率　IV-831

変換　VI-1176

変曲点　V-933

変数　I-190, VI-1359

変数分離形　V-1089

法　VI-1239

包含関係　II-299

包含と排除の原理　IV-716

方向ベクトル　III-445, 506

方向余弦　III-503

包除原理　IV-716, 720, VI-1337

傍心　II-405

傍接円　II-405

法線　IV-848

法線ベクトル　III-448, 513

方程式　I-87

　　図形の——　II-262

　　——の一般的解法　I-128

　　——の解の個数　I-126

放物線　II-219, III-527, 528

　　——と直線　III-541

補集合　I-185

母線　III-568

(8) 索　引

ポリアの壺　　IV-790

ま 行

交わる　　III-489, 490
待ち回数　　VI-1351
　　——の平均　　VI-1354
末項　　III-577
マトリックス　　V-1103

右側極限値　　IV-812
右側微分可能　　IV-834
右側微分係数　　IV-834
右側連続　　IV-821
未知数　　I-87

無限級数　　IV-673
無限集合　　I-39, VI-1273
無限数列　　III-576
無限等比級数　　IV-675
無理関数　　II-241
無理数　　I-2, 8
無理不等式　　II-244
無理方程式　　II-244

命題　　I-186, VI-1358
命題関数　　VI-1359
面積の公式　　V-1049, 1051

や 行

約数　　I-25, 68, VI-1230
約分する　　I-80

有界　　V-1001, VI-1301, 1302
　上に——　　V-1000, VI-1301
　下に——　　V-1000, VI-1301
優角　　II-341
ユークリッドの互除法　　I-34
有限集合　　I-39
有限数列　　III-576
有限の極限　　IV-643
有向線分　　III-420, 496

有理関数　　II-236, IV-844, V-1022, 1030
有理式　　I-80
有理数　　I-2, 8
　　——の稠密性　　I-4
有理数体　　VI-1331

陽関数　　IV-861
要素　　I-38
余弦　　II-346
　　——の加法定理　　II-362, VI-1197
余弦曲線　　II-355
余弦定理　　II-384, 388
横ベクトル　　V-1103
余事象　　IV-749
　　——の確率　　IV-750
弱い意味で増加・減少　　IV-799
弱い意味で凸　　V-929

ら 行

ラジアン　　II-342
乱列　　IV-721, VI-1340

離心率　　III-567
立方　　I-15
　　——の和　　III-591
立方根　　I-121, II-304
リーマン積分　　V-1004
リーマン積分可能　　V-1004
リーマン定積分　　V-1004
リーマン和　　V-991, 1042

累乗　　I-16
累乗根　　II-304, 306

零因子　　V-1117
零角　　II-340
零行列　　V-1106
零元　　VI-1329
零ベクトル　　III-421, 496
列　　V-1103

第 1——　　V-1103
第 2——　　V-1104
劣角　　II-341
列ベクトル　　V-1103
連鎖律　　IV-853
連続　　IV-819, 822, 833, V-1005, VI-1314, 1315
　　——かつ単調増加　　IV-828
　　——の濃度　　VI-1286
連続関数　　IV-822, V-997, 1005, VI-1315
連続体仮説　　VI-1297
連続体の濃度　　VI-1286
連比　　I-150
連立 2 元 1 次方程式　　I-130, V-1144
連立 2 元 2 次方程式　　I-134
連立 n 元 1 次方程式　　V-1148
連立方程式　　I-130

$\log(1+x)$ の整級数展開　　V-974
ロピタルの定理　　V-976, 978
ロルの定理　　V-903
論理式　　VI-1367

わ 行

y 座標　　II-213, III-494
y 軸　　II-213, III-493
y 成分　　III-427, 499
y 切片　　II-216
yz 平面　　III-493
和　　I-11, III-422, IV-674, V-1106
　　——または差を積になおす公式　　II-379
和事象　　IV-745
和集合　　I-184
和の法則　　IV-688
割り切る　　VI-1230
割り切れる　　I-25, 75, VI-1230

松坂和夫

1927-2012 年．1950 年東京大学理学部数学科卒業．武蔵大学助教授，津田塾大学助教授，一橋大学教授，東洋英和女学院大学教授などを務める．
著書に『集合・位相入門』『線型代数入門』『代数系入門』『解析入門』『代数への出発』(以上 岩波書店)，『現代数学序説——集合と代数』(ちくま学芸文庫)，訳書に S. ラング『解析入門』『続 解析入門』(以上 岩波書店)など．

新装版 数学読本 1

1989 年 10 月 27 日	第 1 刷発行	
2016 年 3 月 4 日	第 27 刷発行	
2019 年 5 月 24 日	新装版第 1 刷発行	
2025 年 4 月 4 日	新装版第 6 刷発行	

著　者　松坂和夫

発行者　坂本政謙

発行所　株式会社 岩波書店
　　　　〒101-8002 東京都千代田区一ツ橋 2-5-5
　　　　電話案内 03-5210-4000
　　　　https://www.iwanami.co.jp/

印刷・精興社　製本・中永製本

© 高安光子 2019
ISBN 978-4-00-029877-3　　Printed in Japan

新装版 数学読本(全6巻)

松坂和夫著　菊判並製

中学・高校の全範囲をあつかいながら，大学数学の入り口まで独習できるように構成．深く豊かな内容を一貫した流れで解説する．

1　自然数・整数・有理数や無理数・実数などの諸性質，式の計算，方程式の解き方などを解説．　226頁　定価2310円

2　簡単な関数から始め，座標を用いた基本的図形を調べたあと，指数関数・対数関数・三角関数に入る．　238頁　定価2640円

3　ベクトル，複素数を学んでから，空間図形の性質，2次式で表される図形へと進み，数列に入る．　236頁　定価2750円

4　数列，級数の諸性質など中等数学の足がためをしたのち，順列と組合せ，確率の初歩，微分法へと進む．　280頁　定価2970円

5　前巻にひきつづき微積分法の計算と理論の初歩を解説するが，学校の教科書には見られない豊富な内容をあつかう．　292頁　定価2970円

6　行列と1次変換など，線形代数の初歩をあつかい，さらに数論の初歩，集合・論理などの現代数学の基礎概念へ．　228頁　定価2530円

――― 岩波書店刊 ―――

定価は消費税10%込です
2025年4月現在

松坂和夫 数学入門シリーズ(全6巻)

松坂和夫著　菊判並製

高校数学を学んでいれば，このシリーズで大学数学の基礎が体系的に自習できる．わかりやすい解説で定評あるロングセラーの新装版．

1　集合・位相入門　　　　　340 頁　定価 2860 円
　　現代数学の言語というべき集合を初歩から

2　線型代数入門　　　　　　458 頁　定価 3850 円
　　純粋・応用数学の基盤をなす線型代数を初歩から

3　代数系入門　　　　　　　386 頁　定価 3740 円
　　群・環・体・ベクトル空間を初歩から

4　解析入門 上　　　　　　416 頁　定価 3850 円

5　解析入門 中　　　　　　402 頁　定価 3850 円

6　解析入門 下　　　　　　446 頁　定価 3850 円
　　微積分入門からルベーグ積分まで自習できる

――――――――――― 岩波書店刊 ―――――――――――

定価は消費税 10% 込です
2025 年 4 月現在

解析入門（原書第 3 版） S. ラング，松坂和夫・片山孝次 訳	A5 判・544 頁	定価 5170 円
確率・統計入門 小針晛宏	A5 判・312 頁	定価 3740 円
実解析入門 新装版 猪狩惺	A5 判・336 頁	定価 5720 円
代数幾何入門 新装版 上野健爾	A5 判・356 頁	定価 6050 円
数論入門 新装版 ―ゼータ関数と 2 次体― D. B. ザギヤー，片山孝次 訳	A5 判・182 頁	定価 4510 円
トポロジー入門 新装版 松本幸夫	A5 判・316 頁	定価 6600 円
多様体のトポロジー 新装版 服部晶夫	A5 判・168 頁	定価 3080 円
定本 **解析概論** 高木貞治	B5 変型判・540 頁	定価 3520 円

――――――――――― **岩波書店刊** ―――――――――――

定価は消費税 10% 込です

2025 年 4 月現在